働くあなたにピッタリのモ 〜かる！

スクール
ステーショナリー
ガイドBOOK

オダギリ展子 著

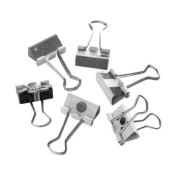

＼ Contents ／

働くあなたにピッタリのモノが見つかる！
スクール
ステーショナリー
ガイドBOOK

OMEDETOU KIPPU
Ticket for Message "Congratulations"
おめでとうきっぷ
ご利用当日1回限り有効
下車前途無効　Kumpel 発行 小

ARIGATOU KIPPU
Ticket for Message "Thank You"
ありがとうきっぷ
ご利用当日1回限り有効
下車前途無効　Kumpel 発行 小

JIYU KIPPU
Ticket for Message "Anything"
じゆうきっぷ
ご利用当日1回限り有効
下車前途無効　Kumpel 発行 小

プロローグ

働き方改革までできる文具とは？

　私たちの周りには、様々な「ツール」がたくさんあります。その中には、「働き方改革」を強力に後押ししてくれるアイテムもあるでしょう。
　本書では、教育現場でこの改革をサポートできるツールの一つとして「文具」に焦点を当て、その選び方・使い方をご紹介したいと思います。

　……とはいえ、「文具で働き方まで改革するのは難しいのでは？」「甘い！」などという方もいらっしゃるかもしれませんので、私自身が「文具でココまでできるんだ！」と認識させられた事例を先にご紹介します。

　アイテムとしては、「フラットクリンチタイプのホッチキス」になりますが、その説明として、下の図をご覧ください。

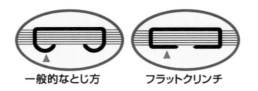

一般的なとじ方　　　　フラットクリンチ

　向かって右側が、フラットクリンチタイプのホッチキスで綴じた書類を真横から見た図です。綴じた針の裏側が膨らまずに平らに打ち曲げられているのがわかります。
　左側のホッチキスで綴じた書類を何部も重ねると、綴じた部分の厚みが増して書類にスロープができます。けれども、右のフラットクリンチタイプを使えば、この厚みが最大25％抑えられるのです。

これは、単純計算では、ファイルするのに今まで100冊ファイルが必要だったのが、75冊で済むということ。

そして、従来新規のファイルを作成するたびに行っていたファイルの手配やタイトル記入などの作業時間も25％削減されることになるのです。

さらに、保管場所の省スペース化、必要なファイルや書類を探す際の手間の削減にも繋がるでしょう。

書類の保管用に倉庫などを借りている場合は、保管料の節約にもなるのではないでしょうか。

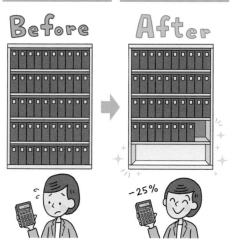

この件に関しても、私自身が身をもって体験した事例があります。

今でもよく覚えていますが、書類をフラットファイル（※ P.22をご参照ください）に綴じようとした際に書類の厚さがファイルの背幅を超えてキャパオーバーになってしまい、表紙がきちんと閉じられなくなってしまったのです。

私としては、当然ココでファイルを新調しようと思うのですが、よく

よく見ると書類が厚いのは、書類の向かって左上角のホッチキスでとめられているあたりだけで、他の部分の厚みはファイルの背幅よりずっと少なくて、収容量的にはまだまだ余裕がある状態なのです。

　この書類量で新しいファイルに移行する必要はないと思った私は、対処法として、ホッチキスの針をとめる位置をファイルに綴じるのに問題ない範囲で分散させて、「厚み」が1ヶ所に集中しないようにすることにしました。

　そして、フラットクリンチタイプのホッチキスが誕生した後は、フラットクリンチタイプのホッチキスを使って、綴じ位置を散らしてとめるようにしています。

Before　　After①　　After②

フラット
クリンチタイプ

　日々の小さなことですが、積み重なると大きいので、くれぐれも軽視することのないようにしたいものです。

　また、オフィスでは、綴じ枚数の多いホッチキスは、各人の机から少し離れた所にまとめて置かれていることが多く、厚い書類を綴じるときは、その都度離席する必要がありました。

けれども、マックス（※世界で初めてフラットクリンチタイプのホッチキスを開発）のラインナップでは、小型なら PPC 用紙40枚まで、中型なら同80枚まで針を替えずに綴じられるので、この作業が自席で可能となり、設置場所までの往復の時間や労力まで削減できるのです。

　いかがでしょうか？
　小さな針のちょっとした処理の違いや性能の差でこれだけ変われるのですから、他の文具で働き方改革ができても不思議はないでしょう。

　では、この後は、私がオススメする文具を「選ぶ際の着眼点」別に章単位にまとめてご紹介します。

「働き方改革」について

■「働き方改革」の目指すもの
　我が国は、「少子高齢化に伴う生産年齢人口の減少」「育児や介護との両立など、働く方のニーズの多様化」などの状況に直面しています。

　こうした中、投資やイノベーションによる生産性向上とともに、就業機会の拡大や意欲・能力を存分に発揮できる環境を作ることが重要な課題になっています。

　「働き方改革」は、この課題の解決のため、働く方の置かれた個々の事情に応じ、多様な働き方を選択できる社会を実現し、働く方一人ひとりがより良い将来の展望を持てるようにすることを目指しています。

■「働き方改革」の実現に向けた厚生労働省の取組み
（1）長時間労働の是正
（2）雇用形態にかかわらない公正な待遇の確保
（3）柔軟な働き方がしやすい環境整備
（4）ダイバーシティの推進
（5）賃金引き上げ、労働生産性向上
（6）再就職支援、人材育成
（7）ハラスメント防止対策

※ 厚生労働省のホームページより抜粋・編集

100均アイテム活用術

「ケーキスタンド」もステーショナリー!?

　紅茶好きが高じて、来客用のケーキスタンドまで購入したものの、コロナ禍で公私ともに来客などなく、ただただ持て余すことに……。

　これでは宝の持ち腐れ！　何かに使えないかと考えたときに思いついたのが、お皿の代わりにトレーがセットできないかということ！

　さっそくやってみましょう！

①透明なトレー（2個）

▲お皿を外したケーキスタンド

▲100均ショップで購入した透明なトレー（2個）をセットします

▲まったく問題なし！さて、何を入れましょうか？

②カトラリー入れと白いトレー

▲向かって左がカトラリー入れ。同右が仕切りのないシンプルなトレー

▲文具を収納してスタンドにセットします

▲持ち運び可能な文具入れの出来上がり！

第 1 章

自分に合うモノを選ぶ

1 ホッチキスの探し方・選び方

◆ホッチキスを購入する場合は？

　何かを購入する際の判断基準として「価格」「デザイン」など、決め手になることはいくつかありますが、ソレが自分に合うか否かは非常に重要です。

　文具の場合は、どのようなアイテムがあるのかを知って、業務内容にマッチし、使い勝手が良いモノを選びましょう。自分の好みも含めて、納得のいくモノが選べたらさらに◎。

　このとき、売り場に直接足を運んでも良いのですが、お店によっては取り扱いがない文具もあるので、より多くの選択肢から選びたい方には、商品のラインナップがすべて載っている文具メーカーのサイトやカタログなどでの事前の商品チェックがオススメです。

▲マックスのサイト（2022年4月時点）より

◆ホッチキスを購入する際の探し方・選び方

では、最初にプロローグでご紹介したマックスの「ホッチキス」を例に挙げて、一緒に見ていきましょう。

例1：ホッチキス

手順1 同社のサイトで 製品 → 文具・オフィス機器 → ホッチキス・針 の順にクリックして「ホッチキス・針」のページに

手順2 「ホッチキス・針」のページでタイプ、シリーズ別に分類されているアイテムの特長を確認　　※ P.16の画像参照

手順3 該当するカテゴリーの画像をクリックしてラインナップにある各製品の説明から内容（機能、サイズ、色、デザイン、価格など）を確認し、候補を絞り込む　　※下にある画像参照

手順4 自分の業務内容に最もマッチ＆納得のいくモノを選ぶ

Vaimoシリーズ

サクリシリーズ

ハンディタイプ（10号）

ラインアップ

▲ Vaimo シリーズ　　▲サクリシリーズ　　▲ハンディタイプ（10号）

前述のマックスのホッチキスの場合、「Vaimo11（バイモ11）」「HD-10TL」「カラーギミック」「サクリフラット」「EH-70F Ⅱ」「HD-10X/AL」など、様々な製品があります。

　そうなると、こんなにたくさんある中からどう選べば良いかということにつきますが、例えば、担当業務に大量の綴じ作業が頻繁にある方でしたら、ハンディタイプ（10号）のラインナップにある、150本の針が装填可能で可変倍力機構搭載の「HD-10TL」がオススメとなります。

　なぜなら、針補充の手間が減ることで時短が実現し、軽い力で綴じられることで手が疲れにくくなり、いずれも生産性の向上につながって働き方改革的にも◎となるからです。

◆業務の特徴 / 課題別オススメ・ホッチキス

　以下、業務の特徴や抱えている課題別にオススメしたいホッチキスをご紹介します。

学校の内外で使用するなら
サクリシリーズ
サクリフラット HD-10FL3K

　携帯に便利なコンパクト設計なのに予備針が収納でき、移動先での使用にも◎。最大綴じ枚数は約32枚。

厚い書類の綴じ作業が時々あるなら

Vaimo シリーズ

Vaimo11 FLAT　HD-11FLK

　２枚から40枚まで綴じられるので、普段使いから厚い枚数までコレ１台でOK！

複数人で行う大量の書類作成業務があるなら

Vaimo シリーズ

Vaimo11 E-SQ　BH-11F（電動バイモ）

　書類を差し込むだけでホッチキスどめできるので、大がかりな書類作成時に重宝する。最大綴じ枚数は40枚。

多いときは80枚近くにもなる書類の綴じ作業をラクにしたいなら

Vaimo シリーズ

Vaimo80　HD-11UFL

　２枚から80枚までの書類を針交換なしで軽い力で綴じられるのは、卓上ホッチキスのVaimo80！

書類を綴じる際の金属針が NG なら

紙針タイプ

P-KISS10　PH-10DS/AB（抗菌モデル）

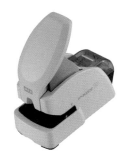

　金属針を使いたくない / 使えないところでは、紙針を使うホッチキスで！　最大10枚綴じ。

冊子づくりを快適にしたいなら

中とじ / Vaimo シリーズ

Vaimo11 LONG（バイモ11ロング）　HD-11DB/W

　冊子の中とじに最適な「先曲げクリンチ」形状。A2用紙30枚、A3用紙120ページでの冊子作成が可。

※中とじ / Vaimo シリーズ　どちらのカテゴリーからでも閲覧可

　なお、同社では、自社で本体と針を生産することにより、互換性を持たせています。こうした互換性を活かすことで、綴じミスや針詰まりなどを減らし時短や生産性の向上につながることも忘れずに！

2　ファイルの探し方・選び方

◆ファイルを購入する場合は？

　さて、あなたにピッタリの働き方改革を後押ししてくれるホッチキスは見つかりましたでしょうか？

　しかしながら、この例のように、欲しいアイテムが「マックスのホッチキス」と既にある程度決まっている場合は、探すのが比較的スムーズにいくように思いますが、「ミスをしないように書類を上手く保管できるファイルが欲しい！」などという場合は、そう簡単にはいかないかもしれません。

　また、ファイルは書類整理をする際の必須アイテムで、この知識の如何によって業務効率に大きな差が出るのは必至と思われるので、次は「ファイル」を一緒に探してみることにしましょう！

◆業界のサイトでファイルの種類を確認

　ココで、ファイルの正しい知識を得るためにオススメしたいのが東京都台東区にある「日本ファイル・バインダー協会」(File & Binder Association Japan：略称 FBA) のオフィシャル・サイトの閲覧です。

日本国内におけるファイル・バインダー製品やそのとじ具などの部品を製造するメーカーで構成された団体。
　製品規格化推進を目的とし、昭和31年 (1956年) の設立以来、日本工業規格 (JIS) の制定に尽力し、FBA 規格を設定するなど、製品規格化に対する啓蒙活動を積極的に行っている。

ファイルを選ぶ際に知っていると役立つ情報がたくさん載っています
ので、一緒に見てみましょう。

例2：ファイル

手順1　日本ファイル・バインダー協会のサイトでどんなファイルが
あるかを確認※

　ファイルは、「穴をあけてとじるファイル」と「穴をあけずにとじる
ファイル」の2種に大きく分かれ、それぞれに様々なタイプのファイル
があることがわかります。

穴をあけてとじるファイル

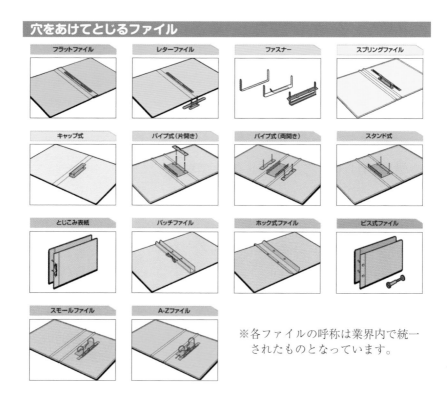

※各ファイルの呼称は業界内で統一
されたものとなっています。

穴をあけずにとじるファイル

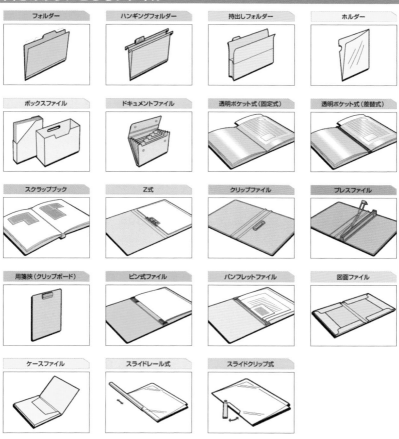

フォルダー	ハンギングフォルダー	持出しフォルダー	ホルダー
ボックスファイル	ドキュメントファイル	透明ポケット式（固定式）	透明ポケット式（差替式）
スクラップブック	Z式	クリップファイル	プレスファイル
用箋挟（クリップボード）	ピン式ファイル	パンフレットファイル	図面ファイル
ケースファイル	スライドレール式	スライドクリップ式	

　お手元にあるファイルと同じタイプのファイルもあったのではないでしょうか？

　では、この後は、同サイトにある、その他の様々なファイルにまつわる情報をご紹介します。

◆業界のサイトで正しい知識を得る①

紙加工仕上げ寸法

▦ 用紙サイズ (単位 mm)

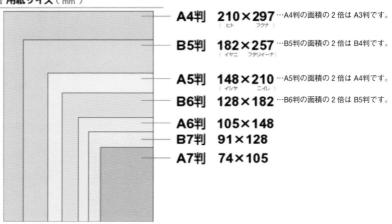

A4判	**210×297** (ヒト フクナ)	…A4判の面積の2倍は A3判です。
B5判	**182×257** (イヤニ フタリィーナ)	…B5判の面積の2倍は B4判です。
A5判	**148×210** (イシヤ ニィレ)	…A5判の面積の2倍は A4判です。
B6判	**128×182**	…B6判の面積の2倍は B5判です。
A6判	**105×148**	
B7判	**91×128**	
A7判	**74×105**	

▦ 紙加工仕上寸法 (JIS P 0138)

単位mm

判	A列	B列
0	841×1189	1030×1456
1	594× 841	728×1030
2	420× 594	515× 728
3	297× 420	364× 515
4	210× 297	257× 364
5	148× 210	182× 257
6	105× 148	128× 182
7	74× 105	91× 128
8	52× 74	64× 91
9	37× 52	45× 64
10	26× 37	32× 45

寸法許容差	150以下	±1.5
	150〜600	± 2
	600をこえる	± 3

▦ 紙の原紙寸法 (JIS P 0202)

単位mm

種類	寸法「縦目」	寸法「横目」
A 列 本 判	625× 880	880×625
B 判 本 判	765×1085	1085×765
四 六 判	788×1091	1091×788
菊 判	636× 939	939×639
ハトロン判	900×1200	1200×900

寸法許容差 ＋6mm −0mm

タテ（S）型・ヨコ（E）型の呼称

S型・E型の呼称（ JIS S 5505 ）

ファイル・バインダーには、縦型と横型、本型とチョウ型とか、その他いろいろな呼び方があって、そのため混同されたり、まちがったりすることがありました。

このような不便を解消するため、国際的な呼び方に統一することをFBAが提唱し、JIS S 5505（フラットファイル）で規定されております。

寸法を書く場合は、とじる側を先に書くのが国際的慣行です。
例）297mm×210mm（A4判S型）
　　210mm×297mm（A4判E型）

S型（ Side opening の略 ）

とじる側またははさむ部分が、長い方の辺にあるものをいいます。

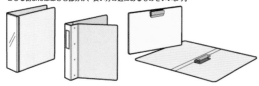

E型（ End opening の略 ）

とじる側またははさむ部分が、短い方の辺にあるものをいいます。

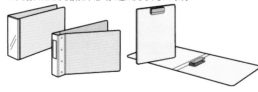

ファイル・バインダーの部分呼称

表紙の表裏

ファイル・バインダーの表紙について各部分の名称をFBAでは下図のように規定しています。

- 表紙は左開きを基準としています。
- 表紙の面はJIS S 5505に基づきA面、B面表示をしています。

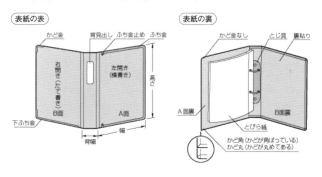

（表紙の表）　　　　　　　　（表紙の裏）

とじ穴の間隔

とじ穴については、JIS S 6041（事務用あなあけ器）…2穴、JIS Z 8303（帳票設計基準）
…多穴で次のように規定しています。

▌ 2穴（JIS S 6041）

- ▶ 穴の直径は6±0.5mm
- ▶ 穴の中心から中心までの間隔は80±0.5mm
- ▶ 紙の端から穴の中心まで12±1mm
- ▶ 穴は、紙の中央線に対し、対称の位置に置く。

単位mm
80±0.5
中央線
12±1
6φ±0.5

▌ 多穴（JIS Z 8303）

- ▶ 穴の直径は6±0.5mm
- ▶ 穴の中心から中心までの間隔は9.5±1.0mm
- ▶ 紙の端から穴の中心まで6.5±0.5mm
- ▶ 穴は、紙の中央線に対し、対称の位置に置く。

単位mm
9.5±1.0
6.5±0.5
中央線
6φ±0.5

（参考）

	多穴式	13穴	18穴	20穴	26穴	30穴	36穴
種類	S型			A5-S	B5-S	A4-S	B4-S
	E型	B6-E	B5-E	A4-E	B4-E	A3-E	

▌ その他のとじ穴間隔

FBAでは4穴その他に一般需要が多い現状から、下図のようにFBA規格を定めて統一をはかっています。
穴の間隔は、穴の中心から中心までを示し、その位置は紙の中央線に対して対称になっています。

（穴間単位mm）

				主な用途
2穴		80		一般
4穴	B5-E	42　42　42		リングバインダー
		40　40　40		MPバインダー
	A5-S	54　54　54		一般
	B5-S	57　57　57		一般
		46　80　46		とじ込み表紙
	A4-S	70　70　70		一般
		80　80　80		一般
3穴		70　70		一般
		108　108		一般
6穴	B7-S	19 19 19 19 19 (5×3)		リングバインダー
	6×3¾	19 19　38　19 19		リングバインダー
	B6-S	19 19　51　19 19 (6¾×3¾)		リングバインダー
	A5-S	19 19　70　19 19		リングバインダー

ファイルとバインダーの違い

ファイルの定義

ファイルとはおおむね記録済みの文書（伝票・カタログ・書類など）をとじ、又は、はさみ入れて整理・保管することのできる表紙をいいます。

バインダーの定義

バインダーとはおおむね未記録のとじ穴のある用紙（ルーズリーフ、帳票など）をそう入し、記録できる、とじ具付き表紙をいいます。

以上を踏まえて、ホッチキスを選んだときと同様に、絞り込みます。

手順2 メーカーのホームページやカタログなどから候補を選ぶ

手順3 製品の説明を読んで、内容（機能、サイズ、色、デザイン、価格など）を確認する

手順4 自分の業務内容に最もマッチ＆納得のいくモノを選ぶ

　希望するファイルが探しやすくなるように、ラインナップがわかりやすく体系化されているライオン事務器のWebページを掲載しましたので、ご参考にどうぞ！

▲ライオン事務器のサイト（2022年4月時点）より

◆業界のサイトで正しい知識を得る②

ただし、

日本ファイル・バインダー協会のサイトにあるファイルの呼称

→ 業界で統一された呼び名

文具メーカーのサイトにあるファイルの呼称

→ メーカー内での分類上の呼び名、あるいは商品名

となっていますので、ファイルの呼称に関しては、混乱しないようにご留意ください。

以下、「ホルダー」と「ボックスファイル」を例に挙げてみます。

例１：ホルダー

	日本ファイル・バインダー協会	ライオン事務器	コクヨ
	ホルダー	ホルダー	クリヤーホルダー
商品名①	－	PP カラーホルダー〈高透明〉	グルーピングホルダー〈KaTaSu〉
商品名②	－	PP ポケットホルダー	クリヤーホルダー〈KaTaSu〉（ラベルガイド付）
商品名③	－	クリアーエンベロップ	クリヤーホルダー〈セキュリティビュー〉

例2：ボックスファイル

	日本ファイル・バインダー協会	ライオン事務器	コクヨ
	ボックスファイル	ボックスファイル	ファイルボックス
商品名①	－	ボックスファイル（A5サイズ対応）	ファイルボックス〈KaTaSu〉（取っ手付き・スタンドタイプ）
商品名②	－	ホルダーボックス	ファイルボックス〈ワイドタイプ〉
商品名③	－	サンプルボックス	ミニファイルボックス〈レトロブング〉

　個々のファイルの呼称を逐一覚える必要はありませんが、ピックアップした12点のファイルはいずれも仕事に役立つ便利なアイテムですので、どのようなファイルがあるかを知るためにも、Web などでチェックしてみると◎です。

一方、この機にご認識いただきたいのが、「ホルダー」と「クリアファイル」の別。

この2種のファイルは世間では混同されている節がありますが、文具業界での統一された呼び名はそれぞれの画像の下にある記載の通りです。

▲「ホルダー」

▲「クリアファイル」

◆超オススメ！「ホルダーの使い分け」

ちなみに、ホルダーは、日本ファイル・バインダー協会のサイトでご紹介されているファイルの中でも、見た目もつくりも一際シンプルで、製造しているメーカーも多く、最もポピュラーな文具のひとつではないかと思うのですが、残念ながら、このファイルの個々の特長を活かして使い分けている方はそう多くはいらっしゃらないように思います。

業務で書類の取り扱いが多い方にとっては、この使い分けをすることで、働き方改革の後押しになるのは間違いないので、この後は、私が実践しているホルダーの使い分け法をご紹介します。

ホルダーを選ぶ際、使う際のご参考にぜひどうぞ！

❶ 「厚さ」で選ぶ

①**薄口**：かさばらない。郵送時の軽量化（コストダウン）

②**標準**：書類の保護・保管に

③**厚口**：（ボックスファイルなどに）立てて保管する際のしなりや折れ
を防止

④**超厚口**：携帯時や鞄の中での折れ防止。下敷きボードとして

❷ 「ポケットの数」で選ぶ

ポケット数と同数の種類の書類を混同させずに綴じることができる

① **1ヶ**：書類の整理・保管用として、オールラウンドに使える

② **2ヶ**：2種類の書類を混同させずに整理・保管
（①処理済み ②未処理）

③ **3ヶ**：（ブランクフォームなどの）原本管理
（①記入例 ②ストックコピー ③原本）

④ **5ヶ**：月〜金の曜日ごと、優先順位1〜5位の順に整理・保管

⑤ **7ヶ**：日〜土の曜日ごと、各種書類の整理・保管

⑥**13ヶ**：1年全体＋各月の予定や各種書類の整理・保管　など。

※各ポケットに「①、②、③……」「1月、2月、3月……」などの
印をつけておくと、書類を収納する際に役立ちます。

❸ 「色」で選ぶ

書類の特性（重要案件は赤、要注意は黄色など）やクラス別、学年別
などで色分けすると便利ですが、着色によって中の記載が外側から見難
くなってしまうのを避けたい方にオススメしたいのがこちらです。

ふちどりカラーファイル （YOSHIMAファイル）

・本体の「ふち」だけに色が付いたホルダー。全8色

クリヤーホルダー〈カラーズ〉（コクヨ）

・表面は無色透明で、裏面のみがカラー。分類や中味の確認に効果あり

❹ 「幅」で選ぶ

〈通常よりスリム〉

ぴったりすっきりホルダー（プラス）

- 長形3号・4号、洋形2号の封筒にも入るスリムでコンパクトなホルダー。定型サイズでの郵送も可
- 三つ折り書類や小さな領収書などを収納して鞄に入れて持ち歩くのに重宝します
- 本体の幅に合わせたフィンガーホールの緩やかなカーブが収納した書類を汚れや折れから防いでくれる

〈通常よりワイド〉

- 幅広部分がマチの役目となり、書類を多く収容できる
- インデックス付きのホルダーを収納することが可
- 急な来客で机上に散乱している書類を即片付けたいときなどに便利
- 外出時に必要な書類やパンフレットなどをまとめて保管できる
- 便箋、封筒、切手など、一緒に使うモノをひとまとめにしておける

ワイド&ハーフフォルダー（セキセイ）

※標準より2cmほど幅広

- A4サイズの書類を100枚収容できる
- A4サイズ対応のホルダーをそのまま収納することができる
- 書類を出し入れする側の下半分が溶着されているので、書類が落ちにくい

グルーピングホルダー〈KaTaSu〉ポケットタイプ（コクヨ）

※ワイド&ハーフフォルダーよりさらに0.5cmほど幅広

- 書類の出し入れが上辺の開口部となり、書類の混同・紛失が防げる
- 厚手なので、立てかけてもしなりにくく、収納物の保護にも◎
- 保管時の「立てる/寝かす」を問わない（※書類がはみ出しにくい）
- A4変形サイズの一般雑誌も収納可

❺ 「透明度」で選ぶ

高透明：ホルダーに入れたままでも見やすい → 野外での使用にも好適

不透明：外側から中味が見えづらい → 情報の漏洩防止に

❻ 「ギミック（しかけ）」で選ぶ

書類の使用時、保管、管理などに便利な、様々なギミック付き

・書類の抜け落ちを防ぐストッパー付き

・中味の有無が外側から確認できる穴付き

・耐久性の高い折り返し溶着加工

・100％ 紙製で分別廃棄可

・書類を入れたままでも内容が確認できる窓付き

・付箋との併用に便利なスリット入り　　など

　いかがでしょうか？

　実際に探してみて、「コレ！」というファイルが見つかったら、お好きな方法でそのファイルを入手して、働き方改革の後押しにぜひ！

3 「＋α機能」も見逃せない！

◆働き方改革に効果的な時短アイテム

　なお、前述の❻「ギミック」で選ぶのように、文具を選ぶ際に「＋α」の機能を持ったモノを選び、それによって業務上何らかの恩恵を受けられるようにするのは、非常に良いやり方です。

　「働き方改革を推進するための関係法律の整備に関する法律（働き方改革関連法）」の三本柱の１つに「長時間労働の是正」が挙げられていますが、「＋α機能」を持った文具には、これを簡単に実現できるケースもあります。

　例えば、

「速乾性」のある糊、ペン、スタンプ台

➡早く乾く ➡**時短！** 商品例：①②③

机から簡単につまみ上げることができる定規

➡ サッと取り出せる ➡**時短！** 商品例：④⑤

ノック式のキャップレスペン

➡ キャップの開け閉めの時間が発生しない ➡**時短！** 商品例：⑥⑦

結ばずに書類が綴じられるつづり紐

➡ つづる際に結ぶ必要がない ➡**時短！** 商品例：⑧

①リプレⅡ・ナチュラル（ヤマト）

　強力速乾＆ワンタッチつめかえタイプの「のり」。仕事でもクラフトでもスピーディーで快適な使い心地。

　環境を配慮して容器は再生材を、のりは天然素材を使用。

②**サラサドライ**（ゼブラ）

インクに紙に浸透しやすい新成分を配合。素早く紙に染み込むため、筆記直後に触れても汚れません！ 乾燥時間は同社従来品に比べ約85%短縮（※0.5ミリで普通紙に書いた場合）。

③**スタンプ台 SA-212NW**（マックス）

捺印後約3秒という、またたく間に乾いてしまう「瞬乾スタンプ台」。赤＆黒の超微粒子油性顔料インクを使用。

2段式のワンタッチタイプのスタンプ台なので、デスク周りでの省スペース化にも◎。

④**ピックアップ定規**（ライオン事務器）

先端が2ミリ垂直のL字構造により、
(1)ピックアップしやすい
(2)平行線が引きやすい
(3)角に固定して立体物の長さを測れる

⑤**ステンレス定規 PS-15**

（ライオン事務器）
曲がった先端部を押すことで本体を簡単につまみ上げることが可能に。

⑥クリッカート （ゼブラ）

　ノック式の水性カラーペン。空気中の水分を吸収して乾燥を防ぐ新インク「モイストキープインク」の開発により、ノックするだけで使える水性カラーペンが誕生。キャップを開け閉めする手間が省け、多色使いも簡単に。授業ノートやイラスト用にも◎。

⑦ノック式ハンディラインS （ぺんてる）

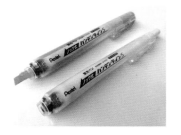

　ノック式の蛍光ペン。⑥同様、手に取ってから筆記するまでの時間が早い。こちらは、キャップなしでもペン先が乾燥しないボールシャッター機構を採用し、クリップに挟むとペン先が戻るという安心設計。カートリッジ式で経済的なのもウレシイ限り。

⑧結ばずカンタンつづりひも （プラス）

　書類の抜き差しの際に逐一ひもを結び直す必要がない「つづりひも」。

　書類をフラットに開くことができるので、両面印刷の書類でも閲覧しやすい。

　吊り下げての使用もできるので、教室や職員室での掲示にも使える。

　こうした「＋α機能」を持った文具を選んで使うだけで簡単に時短が実現するのですから、利用しない手はないですね！

◆多機能・多目的に使えるアイテムも◎

　また、**GRIP 2001イレーサーキャップ**（DKSH マーケットエクスパンションサービスジャパン）のように、①消しゴム、②キャップ、③エクステンダー（補助軸）と、ソレ1つで多機能・多目的に使えるアイテムもオススメです。

　手持ちアイテムの所持数が少なくなると、探す、選ぶ、整理整頓する手間まで減らせます。

①消しゴム
②キャップ
③エクステンダー

　2つのテープがセットでき、それを共通の1つの刃で切ることができる **テープカッターテープ＋テープ**（MoMA Design Store）もまさにその通りのアイテムです。

　「セロハンテープとマスキングテープ」「色柄違いの2種のマスキングテープ」など、必要に応じた組み合わせで使うことができます。

　本体のくぼみが手にフィットして持ちやすく、軽い力でテープをカットできるのも◎。

4 同じ課題を別の方法で解決！

◆違うタイプの文具から選ぶという手もあり！

　また、選び方としては、「ある目的を持ったアイテム」を異なる対処法で解決する複数の文具から選ぶというのも面白いやり方です。

　具体的に書くと、「紙をめくりやすくする」アイテムとしてこれまで（この方法しかないと思って）ずっと「指サック」を使っていたのに、（調べてみると）「すべり止めクリーム」や「テープ」などのアイテムも（あったので）選択肢に加えるということです。

　作業のマンネリ化を防ぐ効果もあるかもしれません。

以下、それぞれのタイプのオススメ商品を紹介します。

◆指サック

①穴あき事務用指サック（抗菌仕様）（コクヨ）

私は「サボテン君」と名付けて、ずっと愛用しており
ました。凸が擦り切れてきたら交換です。

②メクリッコ Sweet（プラス）

カラフル＆キュートなモチーフ付きのリング型紙めくり。紙をキャッチする突起までハート型とは、心まで掴まれてしまいそう。

指の形に合わせた楕円形状で、内側のリブが指にフィットして回り難いなど、機能面でも◎。

③はにさっく 其の弐（ライオン事務器）

表情豊かなはにわの形の指サック。
仕事が捗り過ぎて困ります!?

クリップのサイズによっては、胴と
手の間の隙間に挟んでクリップホル
ダーにするという「手」があるようで
す！（P.125に全種類掲載）

◆すべり止めクリーム

④ノンスリップ（ヤマト）

指先にちょっとつけるだけで、めくる物を汚すこともない、固形タイプのすべり止め。伝票めくり、書類の整理、紙幣勘定などに◎。

エコミュ
ノンスリップ

ノンスリップ　アイ

◆指テープ

⑤ペタリット指テープ（ベロス）

・PS-30FH［ペタリット すべり止め指テープ はなびら 30片入り］
・PS-30HT［ペタリット すべり止め指テープ ときめき 30片入り］

指先に貼って使用する指テープ。

めくる際に対象物を傷つけることもなく、すべりやすさを軽減。

薄型で指なじみも良く、貼ったままキーボードや電卓などの使用も可。

はなびらとハート形の2種あり。

◆水で濡らす

⑥メクボール コンパクト（プラス）

コンパクトサイズで省スペース＆
使いやすさ重視の紙めくり。スポン
ジや海綿のように劣化しないため、
長期に使えて経済的！

文具の進化は日々目覚ましく、新しい文具が続々と登場しています。

私自身は、各文具メーカーから配信されるプレスリリースなどで最新
情報を得ることが多いですが、こうした情報は、各文具メーカーのサイ
トでも閲覧することができますので、定期的にチェックしてみると良い
と思います。

また、新製品情報を集めた雑誌やフリーペーパー、新聞、Web サイ
トなどの各種メディアをチェックするのも◎。

第2章

介護や医療事務用
文具に注目！

1 介護や医療事務用文具を検証

◆介護や医療業界での文具のあり方

　私は「ミスを未然に防ぐことができれば、ミスをリカバーするための無駄な時間が発生しないので、業務が効率的になる」という考え方をしています。

　そこで私が注目したのが、ミスが人の命にまでかかわってくるや介護や医療業界ではどうなっているか、です。

　本書では、東は介護市場向けにつくられたプラスの「たすけあ」ファイルシリーズから、西はリヒトラブの「LIHIT MED.（リヒトメッド）」のラインナップから、働き方改革を後押しする文具として、それぞれご紹介したいと思います。

◆介護市場向け文具ならではの工夫①

　プラスが立ち上げた介護市場向け文具の新ブランドで、「たす」はプラスの＋、「けあ」は介護、お世話する、大切に想うという英語の Care（ケア）を示す。

　「ケアするすべての人を応援する」という想いをロゴデザインの旗に込め、ほしかった機能を「たす」ことで、ケアする人もケアされる人も「たすけ」たい。みんながお互いに「たすけあ」える社会までをも目指している。

最初にご紹介するのはプラスの **提供票ファイル** です。

　これは、毎月各事業所に届けられる「サービス提供票」をクランケ（ドイツ語で患者を表す言葉）の名前順に管理するための専用ファイル。

　フロントポケット（表紙に付いている、サービス提供票の一時保管用のA4サイズのポケット）に、重要書類や未処理の書類などを入れて、
①忘れないようにする
②出先でもすぐ取り出せるようにする
などして、私たちも応用＆活用できそうです。

（左）フロントポケットが空の状態
（右）フロントポケットに書類が入っている状態

▲「指かけカーブ」でサッと取り出せる

　また、背表紙上部にある「指かけカーブ」は、棚などに収納したファイルを必要なときにサッと取り出せるようにしてくれます。

　なかなか取り出せないという「イライラ」がないのはありがたいですね！

ちなみに、取り出しやすくするために、前面に「フィンガーホール」が付いているボックスファイルもありますが、コチラは残存物の有無を確認するための「覗き穴」としても使えそうです。

　簡単なことで時短ができたり、ミスが防げたりするのは働き方改革的にも大いに◎。

◆介護市場向け文具ならではの工夫②

　話を元に戻しますが、提供票ファイルには、予め「あ〜わ行」が印刷されている樹脂製のインデックスがデフォルトで付いています。

　インデックスを付けることでの検索性アップはもちろん、自分で書き込む手間もなくすぐ使えて、耐久性もあるところが◎。

　マット加工で指紋やキズが目立ちにくく、お手持ちの2穴ファイルでのリユースも可能です。

▲「あ〜わ行」が印刷済の樹脂製インデックス付き

　このファイルを使うことで、皆さんのご担当業務のプラスになること、役に立つことは、他にもたくさんあるのではないでしょうか。

◆カルテのファイリング法からヒントを得る!

　次にご紹介するのはクランケに関する書類一式を管理するためのファイルです。

　「リングファイル」と「フラットファイル」の2タイプあるので、自分が使いやすい方を選ぶのが◎。

　本体のカラーは、用途に合わせての使い分けができる、3色展開となっています。

クランケの個人情報管理用ファイル

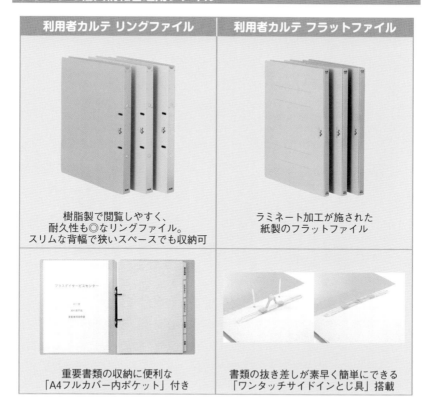

利用者カルテ リングファイル

樹脂製で閲覧しやすく、
耐久性も◎なリングファイル。
スリムな背幅で狭いスペースでも収納可

重要書類の収納に便利な
「A4フルカバー内ポケット」付き

利用者カルテ フラットファイル

ラミネート加工が施された
紙製のフラットファイル

書類の抜き差しが素早く簡単にできる
「ワンタッチサイドインとじ具」搭載

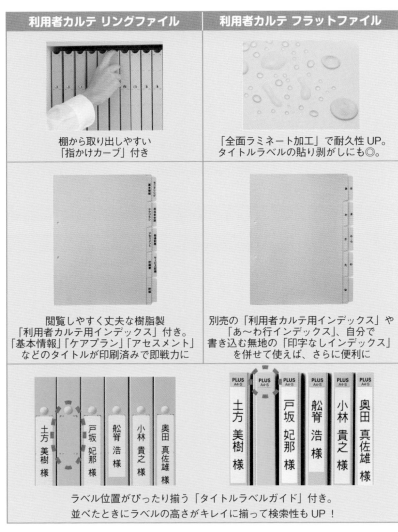

利用者カルテ リングファイル	利用者カルテ フラットファイル
棚から取り出しやすい「指かけカーブ」付き	「全面ラミネート加工」で耐久性UP。タイトルラベルの貼り剥がしにも◎。
閲覧しやすく丈夫な樹脂製「利用者カルテ用インデックス」付き。「基本情報」「ケアプラン」「アセスメント」などのタイトルが印刷済みで即戦力に	別売の「利用者カルテ用インデックス」や「あ～わ行インデックス」、自分で書き込む無地の「印字なしインデックス」を併せて使えば、さらに便利に

ラベル位置がぴったり揃う「タイトルラベルガイド」付き。
並べたときにラベルの高さがキレイに揃って検索性もUP！

　同じ用途に使うファイルでも複数の異なるタイプの中からどれを選ぶか、またファイルにどういう工夫がされているかで、どういう効果があって、それが働き方にどう影響するか、見えてくること、納得させられることは多いのではないでしょうか。

この後は、リヒトラブの LIHIT MED.（※家庭から病院まで、カルテのファイリングを中心とする医療事務用品を扱う）のラインナップから、働き方改革を後押しする文具をご紹介します。

◆究極の選択ができるカルテフォルダー

LIHIT MED.

> システマティックな機能性と、患者様とふれあう温もりが融合した理想の医療をかたちにするために使いやすさにこだわった製品をお届けすることで、スタッフ皆様の負担を軽減するとともに、そこから生まれるゆとりが患者様へのスムーズな対応につながれば、と願っています。

　まず、皆さまにご紹介したいのが、**カルテフォルダー** です。

　ちなみに、カルテとは、日本大百科全書（ニッポニカ）によると、「診療の内容を記録した文書。正式には診療録という。医師は、医療を行ったときは、遅滞なく診療に関する事項を診療録に記載しなければならない（医師法24条）。医師には診療録の記載義務と保存義務、および守秘義務があり、違反行為には罰則規定がある」　※一部抜粋
とのこと。

　それを収納・管理するのがカルテフォルダーですので、医療従事者がこのアイテムに求めるモノ、そしてこのアイテムが担っている役割は大きいのではないでしょうか。

　実は、私の手元には、リヒトラブの総合カタログがあるのですが、このカタログだけでも様々な種類のカルテフォルダーがたくさん掲載されています。

それぞれが微に入り細に入り、何かしらの目的を持ってつくられているので、ミスを防ぐためにどのような工夫が施されているか、どういったタイプのモノをどう使うかによって、自分の業務をよりうまく稼働させることができるか、なども考えながらご覧いただければ、と思います。

LIHIT MED. のタイプ別カルテフォルダー 一覧

①カルテフォルダー ファスナー付
（取り出した方向で閲覧できるタイプ）

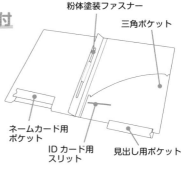

粉体塗装ファスナー
三角ポケット
ネームカード用ポケット
ID カード用スリット
見出し用ポケット

　見出しを手前にして棚などに収納した場合、取り出してそのまま開くとそれが閲覧に最適な状態（向き）になるカルテフォルダー。ファスナー（1本）で、2穴のカルテを確実に綴じる。

　伝票やカルテの一時保管用ポケット、ネームカード用ポケット、IDカード用スリット付き。マチ幅は折って調整可（7㎜）。カド丸。
付属品：見出し紙、ファスナー 1本。
表紙：ポリプロピレン、とじ具：スチール（粉体塗装）。

②カルテフォルダー ファスナー付
（閲覧時に見出しが右上になるタイプ）

粉体塗装ファスナー
見出し用ポケット
三角ポケット
ID カード用スリット

　閲覧時に見出しが右上になり、ネームカード用ポケットがない以外は概ね①と同じ。

③カラーカルテフォルダー ファスナー付

（閲覧時に見出しが左上になる全5色（乳白色含）のカラータイプ）

　表紙の色により、保険種別・月別・棚別などのカラー分類が可能。

　追加ファスナー用のスリット付き。

　これ以外は概ね②と同じ。

見出し用ポケット

粉体塗装ファスナー

三角ポケット

5色の表紙カラーで、保険種別・月別・棚別などのカラー分類が可能

ファスナーを追加できるスリット付き

ID カード用スリット

④カラーカルテフォルダー ファスナー付〈縦型〉

（見出しが縦になる、縦置き用カルテフォルダー）

　これ以外は概ね②と同じ。

見出し用ポケット

粉体塗装ファスナー

三角ポケット

ID カード用スリット

⑤カルテフォルダー ダブルファスナー付

（閲覧時に見出しが左上になるダブルファスナータイプ）

　2本のファスナーを患者カルテ1号紙・2号紙を左側、検査データ等を右側などとして綴じ分けると◎。

　見出し紙、カラーファスナー 2本付き。これ以外は概ね②と同じ。

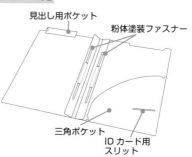

見出し用ポケット

粉体塗装ファスナー

三角ポケット

ID カード用スリット

⑥カルテフォルダー ダブルファスナー付

（取り出した方向で閲覧できるダブルファスナータイプ）

　⑤と同様、２本のファスナーを、患者カルテ１号紙・２号紙を左側、検査データ等を右側などとして綴じ分けると◎。

　これ以外は概ね①と同じ。

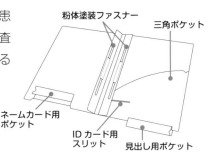

粉体塗装ファスナー　三角ポケット　ネームカード用ポケット　ID カード用スリット　見出し用ポケット

⑦カルテフォルダー（ルーパーフラットファスナー）

（閲覧時に見出しが右上になる樹脂製とじ具タイプ）

　表紙ととじ具は分別せずにプラスチック類として廃棄可能な P.P. 製。樹脂製のとじ具では安全性とカルテ保持力もさらにアップ。

　これ以外は概ね②と同じ。

簡単開閉の樹脂製ファスナー。薄型収納のカルテ・薬歴用　見出し用ポケット　三角ポケット　ID カード用スリット

⑧カルテフォルダー（アーチ式）

（180°見開けて、閲覧・記入がしやすいアーチ式とじ具タイプ）

　伝票やカルテを一時保管できるポケットと ID カード用スリットはともに２コ付き。

　表紙・とじ具：ポリプロピレン製。

　これ以外は概ね②と同じ。

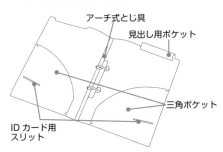

アーチ式とじ具　見出し用ポケット　ID カード用スリット　三角ポケット

⑨カルテフォルダー 〈縦型〉 シングルポケット

（穴をあけずにとじる縦型のシングルポケットタイプ）

　カルテや薬歴を挟むだけの簡単ファ
イリングで医院や調剤薬局に最適。

　見出し用ポケットと見出し紙付き。

　ポリプロピレン製。

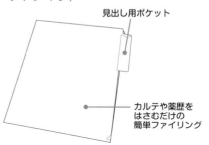

見出し用ポケット

カルテや薬歴を
はさむだけの
簡単ファイリング

⑩カルテフォルダー 〈縦型〉 ダブルポケット

（両サイドにポケットが付いた縦型タイプ）

　伝票やカルテを一時保管できるポ
ケットとファスナー用のスリットがそ
れぞれ2コ付き。

　IDカード用スリットは1コ。見出
しは縦。

　ポリプロピレン製。

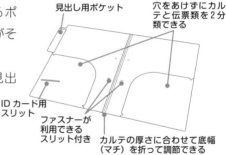

見出し用ポケット

穴をあけずにカル
テと伝票類を2分
類できる

IDカード用
スリット

ファスナーが
利用できる
スリット付き

カルテの厚さに合わせて底幅
（マチ）を折って調節できる

⑪カルテフォルダー ダブルポケット

（カルテや伝票類を両サイドのポケットにはさむ簡単収納タイプ）

　閲覧時に見出しが左上になること以
外は概ね⑩と同じ。

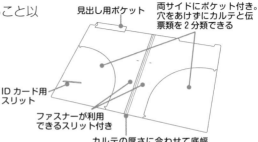

見出し用ポケット

両サイドにポケット付き。
穴をあけずにカルテと伝
票類を2分類できる

IDカード用
スリット

ファスナーが利用
できるスリット付き

カルテの厚さに合わせて底幅
（マチ）を折って調節できる

⑫カルテフォルダー（フラップ付）シングル〈縦型〉

（歯科で使用頻度の高いロングタイプの縦型見出しタイプ）

　カルテや薬歴をはさむだけの簡単ファイリング。

　名前も書けるロング見出し用ポケットとカルテの抜け落ち防止のフラップ付き。

　見出し紙は別途販売。

　ポリプロピレン製。

名前も書ける
ロング見出し用
ポケット付き

カルテや薬歴を
はさむだけの
簡単ファイリング

カルテの抜け
落ち防止の
フラップ付き

⑬カルテフォルダー（フラップ付）シングル〈横型〉

（歯科で使用頻度の高いロングタイプの横型見出しタイプ）

　⑫の横型タイプ。

名前も書ける
ロング見出し用
ポケット付き

カルテや薬歴を
はさむだけの
簡単ファイリング

カルテの抜け
落ち防止の
フラップ付き

⑭カルテフォルダー（フラップ付）ダブル

（歯科で使用頻度の高いロングタイプの縦型見出しタイプ）

　両サイドにポケット付き。穴を開けずにカルテと伝票類を2分類できる。

　中央にカルテの抜け落ち防止の三角折り加工が施されている。

　⑫のダブルポケットタイプ。

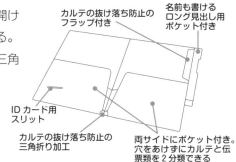

カルテの抜け落ち防止の
フラップ付き

名前も書ける
ロング見出し用
ポケット付き

IDカード用
スリット

カルテの抜け落ち防止の
三角折り加工

両サイドにポケット付き。
穴をあけずにカルテと伝
票類を2分類できる

⑮カルテフォルダー（フラップ付）ダブル〈縦型〉

（歯科で使用頻度の高いロングタイプの縦型見出しタイプ）

⑭の三角折り加工の代わりに追加
ファスナー用のスリット（2対）入り。

カルテの抜け落ち防止の
フラップ付き

名前も書ける
ロング見出し用
ポケット付き

ID カード用
スリット

ファスナーが利用
できるスリット付き

両サイドにポケット
付き。穴をあけずに
カルテと伝票類を2
分類できる

※これ以外のタイプのカルテフォルダーもあります。

　いかがでしょうか？

　カルテフォルダーを取り出した方向で閲覧できる、閲覧時に見出しが右上になる、左上になる、縦になる……など、「微に入り細に入り」であることがおわかりいただけたのではないでしょうか？

　実際、使い勝手の良さというのは、自分が感じるちょっとしたことが基準になっているように思いますので、毎日使うアイテムを選ぶ際はこうしたことも疎かにしないようにしたいものです。

　次は、カルテフォルダーなどをさらに有効に使うための医療事務用品を、引き続きリヒトラブ社のLIHIT MED.のラインナップからご紹介します。

◆ 「学校でも応用可能！」のラベル術

①見出し紙

数字や文字などの印字がない無地タイプの見出し紙。カラー分類ラベル専用の基本アイテムです。

②カラーかなラベル M （ロールタイプ）

カルテ管理や薬暦管理のシステムに対応したカラー分類用ラベル。

シールの中央部に「スジ押し」が入っているので貼りやすい。

「単文字」「セット」の2種あり。

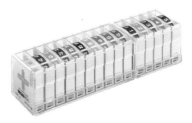

③カラーナンバーラベル M （ロールタイプ）

「カラーかなラベル M」の数字バージョン。

活字の数字なら「1」と「7」などの区別も明確で安心です。

「カラーナンバーラベル M」なら、さらに色で見分けることも可。

2桁用もあり。

◆カルテの位置を決めておくためのガイド

　さらに、**アリバイガイド**という、貸し出しカルテの所在表示やカルテの区分整理のガイド役となるアイテムもあります。

　「何がどこにあるかわかるようにしておく」「使ったら元の位置に戻す」というのは整理整頓の基本ですので、こちらも参考になるでしょう。

　貸し出し、返却の際の時短にも◎。

▲図書室で使われていた「代本板」を思い出します

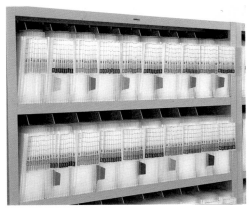

▲区分整理。書店のような雰囲気

◆大量の書類を整理・管理できるツール

　最後に、カルテフォルダーを収納するラックやワゴンをご紹介します。

　大量の書類を整理・管理する上での参考として、どんなアイテムがあるか、この機会に一緒に見てみましょう。

①カルテフォルダースタンド

　診察室でのカルテの整理に◎。縦置きにも横置きにも対応可。

　カルテラック内での仕切りとしても使えます。底部にはすべりにくい加工が施され、側面にはつなげて使える連結部品付き。

②カルテラック

　樹脂製仕切り板付きの縦置き用カルテラック。

　カルテの整理が整然とできそうです。

③ サウザンドカルテラック

システマチックに管理できる「サウザンドカルテシステム（ターミナルデジット・カラー分類方式）」に対応したシステムラック。

効率のよい検索・保管が可能でコストパフォーマンスも高い。

仕切り板は別売り。

④ X線フィルム保管庫〈鍵付き扉タイプ〉

半切サイズ・４段40区画のX線フィルム用キャビネット。

取り外し可能な仕切り板付き。

扉のないオープンタイプもあり。

⑤ カルテワゴン

背幅28mmの標準カルテブックが上段・下段に各30冊、計60冊収納・搬送できるステンレス製の大型カルテワゴン。

静音タイプの４インチ樹脂製キャスター付き。

１区画に５冊収納可能なＬ型仕切りでカルテブックの横ズレを防止。

また、各段に傾斜がついていることにより、

(1) 背表紙のタイトルが読みやすくなる

(2) ワゴンを動かしてもファイルが落下しにくい

という効果あり。

⑥カルテワゴン 〈ボックスタイプ〉

ワゴン１台に10個のボックス付き。その１つひとつに背幅28mm標準カルテブックが４冊入るので、最大40冊のカルテブックが収納できます。

ボックスを横にセットして、カルテフォルダー搬送用としても使用可。

⑤と同様に静音タイプの４インチ樹脂製キャスターが付いていて、段の傾斜効果（１）（２）も期待できる。

⑦カルテワゴン 〈鍵付き扉タイプ〉

搬送や保管の際に鍵がかけられる個人情報保護対応タイプ。

A4標準カルテブックを40冊収納できる。

鍵付きの扉は使用時には本体に収納可で、上部扉は途中まで引き出して記載スペースにすることも（※上段・下段扉の鍵は共通）。

巻き込み４インチ樹脂製防止カバー付きの４インチ樹脂製静音タイプキャスター。

オプションにてパソコン等の電源コードリールの取り付け可。

二重管理の重要性

　私は、ある医療機関で診療時に間違って他の患者さんのカルテに記入されたことと、会計の際に同姓同名の方の処方箋を受け取ったことがあります。

　姓名とナンバーでの二重管理はこういった重大なミスを簡単に防ぐことができるので、担当業務で応用できれば、ぜひとも取り入れたいところです。

山本順子　　木本順子　　山根洋子　　山川孝子　　山本順子　　山本淳子

山本順子 さんは2人

No.00024　No.00358　No.01246　No.01029　No.01021　No.02217
山本順子　　木本順子　　山根洋子　　山川孝子　　山本順子　　山本淳子

No.01021 の山本順子 さんは1人

2 期限管理のためのアイデア・ツール

◆期限管理のミス防止には「二重管理」がオススメ！

　期限管理を確実に行うには、期限日を「時間」と「案件」の2つの方向（軸）から見て二重に管理するのが◎。

　この「時間管理」と「案件管理」には、それぞれいくつかのツールがあります。

時間管理

　時間管理で使用する書類には、カレンダー的な要素があるのが特長。

　①業務内容別日めくりシート（※日めくり式の ToDo リスト）

　②依頼者別日めくりシート（※日めくり式の ToDo リスト）

　③週ごとのタイムテーブル（※週ごとの ToDo リスト）

　④その他（スケジュール手帳、エクセルの表など）

　期限日が発生したら、使用ツールの該当欄に案件番号などを記入して管理します。

時間 案件	11／5(火) 案件1	11／11(月) 案件2	11／15(金) 案件3	11／19(火) 案件4
案件1 11／5(火)	書類 申請			
案件2 11／11(月)		書類 発送		
案件3 11／15(金)			書類 依頼	
案件4 11／19(火)				書類 発送

案件管理

・案件書類を自分の手元で管理できない場合

⑤案件番号とその概要をリスト化したものを綴じたファイル

・案件書類を自分の手元で管理できる場合

⑥案件書類を案件ごとにホルダーに綴じたもの

期限日が発生したら、その日付を記入した付箋をホルダーからわざとはみ出るように（ホルダーを綴じても期限日が見えるように）書類に貼付して管理する。

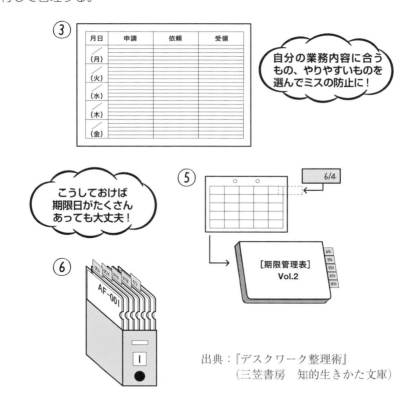

③

月日	申請	依頼	受領
/（月）			
/（火）			
/（水）			
/（木）			
/（金）			

自分の業務内容に合うもの、やりやすいものを選んでミスの防止に！

こうしておけば期限日がたくさんあっても大丈夫！

⑤

6/4

[期限管理表]
Vol.2

⑥

AF-001

I

出典：『デスクワーク整理術』
（三笠書房　知的生きかた文庫）

この2つ（①〜④のいずれか1つと、⑤か⑥のどちらか）を照合して作業を進めていくことで、確実な期限管理が可能に！

業界の枠を超えてのオススメ品！

　以下は、学校をはじめとした各現場での様々なシーンで重宝する 2 アイテムのご紹介です。ミス防止、安心・安全を求める方にもピッタリ！

wemo バンドタイプ（白）（コスモテック）

　「いつでも / どこでも　書ける / 思い出せる」ことを目指して、現場最前線で働く方々のためにつくられた、腕に巻き付けて使用するシリコンバンドタイプのウェアラブルメモ。水に濡れても大丈夫！

　ToDo リストにして、やり忘れなどのミスをなくすのに◎。

ナ〜イスはさみ（上野製作所）

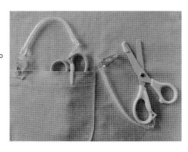

　ポケットなどに挟んで使えるクリップ付なので、落下や紛失などが防げる。

　伸びの良いコイル状のストラップは使用の際にも◎。

　テープが付きにくいフッ素コート加工で、刃先には安全ガード付き。

　刃物の名産・関市で製造されているので品質も◎。

第3章

「持ち運び」にも◎

1 移動時の利便性と快適さを求めて

◆ 「収納性」「携帯性」「活用性」がポイント

フリーアドレス、テレワークなど、働き方が多様化する中で、私たちのニーズが移動の際の利便性や快適さにあるのは間違いないでしょう。

そして、このニーズに応えるかのように様々なアイテムが文具メーカー各社から発売されていますが、まずは、コクヨ社のビジネスツールの持ち運びに特化した「**もちはこ**」シリーズから、収納性、携帯性、活用性に優れた文具をご紹介します。

いずれもユーザーの職種を超えて、あらゆる方々のお役に立つ便利アイテムですので、個々の利点を活かして、スマートに働き方改革を加速させたいものです。

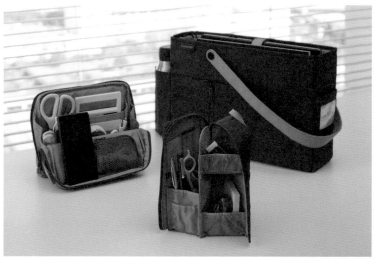

▲奥から〈モ・バコ アップ〉〈ハコビズ〉〈ネオクリッツ シェルフ〉

モバイルバッグ 〈モ・バコ アップ〉

建物内での移動、PC 持参での打ち合わせなどが多い人向け。

外ポケットで小物なども出し入れしやすい。

両手がふさがらず、持ち運びに◎なショルダータイプ。

ツールペンスタンド 〈ハコビズ〉

建物内での移動、細々したツールが多い人向け。

ペンなどの文具を一括して持ち運べ、「立たせる収納」で机上もスッキリ！ ス

マホの立てかけも可。収納アイテムが一覧できるスペース設計。

無駄のない四角い形状は、バッグやロッカーへの収納にも◎。

ツールペンケース 〈ネオクリッツ シェルフ〉

出先での作業や打ち合わせなどが多い人向け。

持ち運ぶ文具を簡易分類して収納できる浅深 2 段式の棚設計のため、見やすく取り出しやすい。

使いやすく、狭いスペースでも場所を取らずに作業できるスタンド式。

◆「しるす」「はこぶ」などの動作にフォーカス！

　次にご紹介するのは、「しるす」「はこぶ」「しまう」「かざる」「まとめる」という各動作にフォーカスしてつくられた、ナカバヤシの「my focus」シリーズのラインナップです。

STAND FILE CASE

　本体下部のマチ部分が大きく広がり、自立可能なタテ型のファイルケース。

　収納した書類が取り出しやすいだけでなく、デスクに立てての使用も可。

　ハンドル付きなので、フラットケースとしても持ち歩け、インナーバックとしても重宝します。正面ポケットには、ペンやスマートフォンなどを入れて。

PC BAG 14inch

　持ち運びに便利なシンプルデザインのPCバッグ。

　外側のポケットを内部に設けたことで肩掛けがしやすく、かさばりがちな荷物をコンパクトに持ち運ぶことができます。

　14inch 以下のノートPC用。

PEN CASE ポリキャンバスモデル

　外側にペン挿しポケットが付いたペンケースで、使いたいペンをサッと取り出すことができる。

　ファスナーを開けて取り出す手間が省けるスマートなデザインは、鞄の中でも場所取らず＆持ち運びにも◎。

※収納可能なペンのサイズ：直径約15mmまで。

STAND PEN CASE

　メッシュ生地を引き下げると、ペンスタンドとしても使用可能なペンケースに。

　紐で簡単に開閉できる巾着型で、網目から中身の確認ができる。一般的なボールペンなら10〜14本程度収納可（内寸：Φ約50mm×H約170mm）。15cm定規なども余裕で収納できる。

　内側に付いている小さなポケットに消しゴムなどの小物類を収納しておけば、底に沈んでしまった「それら」を探したり、拾い上げるために格闘したりする「ムダ」の発生を未然に防ぐことができます。

NOTE COVER A5/B5 ポリキャンパスモデル

ノートが2冊収納できるフラップポケット付きの三つ折り構造のノートカバー。ポケット部分には名刺や替え芯なども収納できる。

ノートとフラップポケットが横一列に広げられ、ノートの記入面に凹凸ができないので、筆記がとてもスムーズ！　しおりとしても使える。フラップとカバー表面に内蔵されたマグネットによりノートがしっかり閉じられるので、鞄の中や人前で不用意に開いたりすることがないのも◎。

便利なツールで快適テレワーク

② 「自分に合うか否か」もしっかりチェック！

◆自分の「スタイル」と、「使いやすさ」を重視

　いずれも働き方改革の後押しに◎なラインナップですが、選ぶ際のポイントは、やはり、「自分に合うか否か」につきますので、選ぶときは、自分の「スタイル」、「使いやすさ」などを重視しましょう！

　例えば、ペンケースの場合は、下記のようになります。

あなたはどのタイプ？	オススメ・アイテム

Ⓐ外出前後の筆記具の入れ替えが苦にならない

外出時に机上に置いたペン立ての中から必要なモノを取り出して、ペンケースに移す。外出後、移し替えたモノをペン立てに戻す

➡ ・PEN CASE
〈ポリキャンバスモデル〉
P.69

Ⓑ外出前後の筆記具の入れ替えが苦 / 面倒

①机上にはペン立てを設置。外出時は予め中身がセットされている専用のペンケースを携帯。外出後ペンケースを所定の位置に戻す

➡ ・PEN CASE
〈ポリキャンバスモデル〉
P.69

②外出時は机上でペン立てとして使っていたアイテムをペンケースとして持って行く。外出後、ペン立てとして所定の位置に戻す

➡ ・ツールペンスタンド
〈ハコビズ〉
・ツールペンケース
〈ネオクリッツ シェルフ〉
P.67
・STAND PEN CASE
P.69

　なお、可愛いらしいのがお好きな方には、インテリアショップFrancfranc（フランフラン）の「**キルティング**」シリーズがオススメ！

　どこに移動してもデスクワーク環境をお望み通り可愛くすることができます。

　毎日使う細々したアイテムをまとめて収納できるスタンド付きパソコン

ケース、荷物が多くてもすっきり収納・移動できるツールバッグ、可動
式仕切りでカスタマイズ可能な自立系ツールペンスタンドポーチ、コン
パクトタイプのペンホルダー付きタブレットケース……と、充実のライ
ンナップ。カラーは、スウィートテイストなピンクとエレガンステイス
トなグレーの2色展開。

　これ以外にも各社、各ブランドから魅力的なコンセプトの下で様々な
商品が出ていますので、皆さんもぜひ探してみてください！

◆建物内での移動がない人のケース例

　ちなみに私の場合、自宅の一部を仕事場にしているので、建物内での
移動や室内用のバッグは特に必要なく、外出する際に使うバッグは、基
本的に以下の3つのどれかになります。

外出の際に使うバッグ

エコバッグ（小型）	トートバッグ（A4対応）	キャリーバッグ
銀行や郵便局などに行く際に非常に便利。 肩にかけたときに傘の内に収まるので、雨天でも濡れずに済んで大助かり！ 中に大き目のエコバッグを入れて、食料品や日用品などの日々の買い物にも使えるので、公私を問わず出番が多い。	A4サイズの書類が絡むときの必須アイテム。 メインの収納場所以外にファスナー付きの収納部が4カ所あり、パスケースやペンなどの小物を入れるポケットが3つ、カラビナが1つ付いているなど、内部の充実により、使い勝手が◎。	荷物が多いセミナーや講演の際に大活躍！ 現地宿泊により荷物が多くなり、バッグに入り切らない場合は、事前に宅配便などを利用して、会場に別途発送します。

業務で発生する用件（行先）としては、

・入出金、振込、通帳への記帳など（銀行、郵便局などの金融機関）
・打ち合わせ（事前に指定された場所）
・取材（事前に指定された場所）
・セミナー、講演（事前に指定された場所）
・プリントアウト（コンビニ）

などが主で、用件に応じて必要となるモノ、出かけた先で発生したモノなどを下にある各アイテムに収納し、前述の３つのうちのいずれかのバッグに入れて持ち運ぶことになります。

外出の際に使う収納アイテム

通帳入れ

小型で見失いやすいものは、何かに入れてから鞄に入れるようにすると取り出しやすくなるのでオススメです。

ルーズリーフパッドホルダー（マルマン）

ルーズリーフパッドを使い終わった後のカバーをリユース。

コンパクトなB5サイズで、小型のバッグにも入るので、銀行などの金融機関に行く際に振込票などを入れて持参するのに◎。

宅配便の送り状など、汚したり、折り曲げたりしたくないモノを保護しながら携帯するのにも便利で、手放せない。

グルーピングホルダー〈KaTaSu〉ポケットタイプ（コクヨ）

　厚手の封筒型なので、書類の保管・携帯に非常に◎。

　大量の資料を入れて持ち運ぶのにも重宝する。

　A4変形サイズの雑誌や封筒などの携帯時の保護にも。

スーパーハードホルダー（キングジム）

　枚数がさほど多くない書類の保管・携帯に◎。

　下敷きとしても使えて便利。裏に付いているストッパーを利用してバインダーにすることもできる。

　コンビニで出力した数枚の書類を挟んで持ち帰るのに最適！

小物入れ

　ファスナーが付いたビニール製のケースにパンチで穴を開けて自作。

　筆記具も収納できるので、コレがあればペンケース不要に！

小物入れ＋リングファイル

　前述の小物入れをリングファイルに綴じてセットで使うとさらに便利。

　資料などの必要書類も小物と一緒に綴じられます。

ペンケース・USB 入れ

　旅行用歯磨きセットのケースをリユース。

　紛失厳禁の小型アイテムの収納・携帯に◎。

　透明素材なので忘れ物のチェックが簡単！

　小型なのでバッグの中に入れても場所を取らない上に、開閉が片手のワンタッチで素早くできる。

　当初は、ペンのインクで鞄の内部が汚れるのを防ぐことが目的だったのですが、殊の外便利で使い続けています。

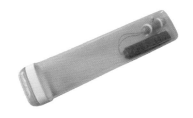

　これらを表にまとめると次ページのようになります。

外出の目的別・バッグ&収納アイテム

バッグ	行き先	用件	収納アイテム
エコバッグ	銀行や郵便局などの金融機関	入出金・振込 通帳への記帳 郵便関係	・ルーズリーフパッドホルダー（マルマン）※カバーのみ ・通帳入れ
トートバッグ	指定先	打ち合わせ・取材	・グルーピングホルダー〈KaTaSu〉ポケットタイプ（コクヨ） ・スーパーハードホルダー（キングジム） ・小物入れ（ビニール製ケースにパンチで穴を開けて作ったもの） ・リングファイル（上の小物入れを本体に綴じてセットで使う） ・ペンケース（旅行用歯磨きセットのケースをリユース） ※小物入れを携帯する際はペンケースは持参しない
	コンビニ	プリントアウト	書類が多いとき： ・グルーピングホルダー〈KaTaSu〉ポケットタイプ（コクヨ） 書類が少ないとき： ・スーパーハードホルダー（キングジム） ・USB入れ（旅行用歯磨きセットのケースをリユース）
キャリーバッグ	指定先	セミナー・講演	・小物入れ（ビニール製ケースにパンチで穴を開けて作ったもの） ・リングファイル（上の小物入れを本体に綴じてセットで使う） ・その他、セミナーなどで必要なアイテム一式

◆自分にピッタリなアイテムを見つけよう！

　私の場合、「持ち運び」に関しては、困ることが殆どないのですが、自分に必要なモノがわからない方、改善の余地があると思われる方は、下にあるブランクの表に現在のご自身の状況を記入して、働き方改革の後押しとなるアイテムを探してみてはいかがでしょうか？

行き先	用件／用途	① 持ち運ぶ もの	② ①を持ち運ぶ もの	③ ①+②を持ち 運ぶもの
例① 職員室と 教室の往復	授業で使う教科書と小物の持ち運び	教科書と小物	持ち手のついたボックスファイル	－
例② ○○センター	書類の受け取り	各種書類	書類を汚さず持ち帰れるケース	A4対応の手提げかばん

　あなたにピッタリのアイテムを見つける際の一助になれば幸いです。

3 外出時の雨対策も忘れずに！

◆雨にも負けないアイテム

　なお、持ち運ぶ際の「雨対策」としてオススメしたいのが、以下のアイテムです。

クリアーファイル チャックタイプ （キングジム）

　これなら、重要な書類を持ち運ぶ際に雨が降っていても大丈夫！

　また、雨だけでなく、水や汚れ、脱落からも収納物を守ることができるので安心です。

ウェットニー （ゼブラ）

　内部の空気に加圧してインクを押し出すことで、水に濡れた紙への筆記や上向きでの筆記も可能なボールペン。持ち運びに便利な紐やカラビナなどが取り付けられる通し穴付き（※紐やカラビナは別売り）。

防水クリップボード （Paperdry）

　持ち運びだけでなく、雨天での作業までをも可能にした、オドロキの逸品！

　裏面のクリップを活かして、机上で立てて使うことも可。

プロジェクト耐水メモ（オキナ）

こちらは、水に濡れてもシワにならず、水の中でも書けるメモ。

にわかに信じられない方は、同社で行われた「耐水使用テスト」の様子をご覧ください。これなら雨天時だけでなく、入浴中に浮かんだアイデアを忘れないうちに書き留めておくこともできますね！

検証1
耐水メモとコピー用紙を長時間水に浸す

結果
コピー用紙はシワになったりヨレてしまうが、耐水メモは拭けば元通り

検証2
水の中で字を書く

結果
驚くほどスラスラと書けます

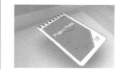

検証3
水の中に落とす

結果
水に浮きます

プロジェクト耐洗紙ノート（オキナ）
プロジェクト耐洗紙メモ（オキナ）

こちらは、洗濯機での洗濯にも耐えられるノートとメモ。

前述の耐水メモ同様、同社でのテストの様子をご覧ください。

▲洗濯機に投入！

▲洗濯後のノートには、さすがに少々のダメージこそあれ、破れもなく文字がしっかり読み取れます

▲天日干し後、アイロンをかけるとご覧の通り、見事復活！ また使えるようになりました！

カバーは、それぞれ下にある3種を含めて全6種。

▲耐洗紙ノート（5mm方眼ブルー罫）
サイズ：A5・148×210(mm)

▲耐洗紙メモ（5mm方眼ブルー罫）
名刺サイズで切り取り可能なミシン目入。サイズ：59×105(mm)

4 在宅勤務にも！ インテリアとの調和と収納性

◆必要なアイテムをまとめて持ち歩ける！

　これ以降は、働きやすい環境をつくるという目的も含め、在宅勤務などのテレワークの際に、ぜひとも取り入れたいインテリアとの調和や健康面なども考慮した、オススメの持ち運び系アイテムをご紹介します。

ボックスファイル〈TERENE（テレネ）〉（ライオン事務器）

　在宅ワークで使うアイテムをまとめて収納するためのボックスファイル。

　背幅が15cm以上もあるので、書類や手帳だけでなく、Webカメラやヘッドセット、イヤホン、マウスなども余裕で収納できます。

　PE製の取っ手は、室内での移動、持ち運びに◎。

　さらにフタ付き効果でホコリが入りにくく、収容物が外から見えないので見た目もスッキリ！

　PPシート製の本体側面には、棚から取り出しやすいように、指を引っかけられる穴も付いています。

インテリアに馴染みやすい、落ち着いたトーンのレッド、ブルー、ライトグレーの 3 色展開。

◆ワーキング・スペースの整理整頓にも◎

次に、「日常を、ひらめきで照らす」というコンセプトの下でつくられたキングジム社のブランド「SPOT」から、ツールスタンド 2 種をご紹介します。

ツールスタンド フロア （キングジム）

デスク下やソファー横などでの使用に。ポケットの数は14個。

ツールスタンド デスク （キングジム）

　デスクの上での使用に。こちらのポケット数は 8 個となります。

　サイズの違う、立て看板風のお洒落な「ツールスタンド」です。

　いずれも各ポケットに道具を入れたまま移動できて、道具の出し入れもスムーズ。使わないときは折り畳んでコンパクトに収納可。

　表面にはメガネや筆記具、裏面には雑誌など、シーンに合わせての使い分けができます。

　また、内側には表側のポケットに入りきらない大きなアイテムやティッシュボックスを収納することが可。

　それぞれにクロとベージュのカラー展開があり、バリエーションは全 4 種となります。

CAPOTTO ペンスタンド（ナカバヤシ）
CAPOTTO デスクオーガナイザー（ナカバヤシ）

ペンやクリップなどの文具を場所を取らずに収納できるスタッキング式小物入れ。ペンスタンドとデスクオーガナイザーの2種類あり。

重箱のように小物入れを重ねたり、外したりして使用する。作業時は、それらを広げて使うことで必要なものが取り出しやすく、効率アップに。使わない時は、重ねてタワー化することで省スペースでのスッキリした収納が実現します。リビングやデスクでの使用時に生活感を出したくない方にもオススメです。

小物入れ同士を簡単に固定できるロック機構付きなので、重ねたまま持ち運べるのも◎。

各段の上部には「切り欠き」があり、積み重ねた状態でも中の収納物の判別が可。ペンスタンドのこの部分に出番の多いペンなどを立てかけておくと、使いたいときにすぐ取り出せて重宝です。

磁器の様なマットな質感と丸みのある形状で、インテリアにも馴染みやすく、癒されそう。

滑石（※自然界に豊富に存在する天然鉱石を砕いてパウダー状にしたもの）を使用し、石油由来のプラスチック使用量を約30％削減したエシカル商品。

全5色で、それぞれ落ち着いた色合いでのネイビー、オレンジ、マスタード、ブルーグレー、クレイ。

ハンモック デスクトップオーガナイザー (Umbra ／ MoMA)

　眼鏡やスマートフォン、タブレット、リモコン、鍵などをキレイに収納できるハンモック型のお洒落なアイテム。素材や縫製の質も良く、仕事場やリビングなど、どこに置いても様になる。収納部分が宙に浮いているので、掃除をする際も◎。

　ワイヤー部分にイヤリングなどを引っかけて、紛失防止の「チョイ置き」にすることも可。

コンパクトスライドカッター (リヒトラブ)

　あれば便利とは思うものの、収納時のスペースを考えると、購入に二の足を踏んでしまうアイテムの１つに挙げられるのが裁断機ではないでしょうか？

　でも、このスライドカッターなら、使わないときは、２つ折りしてコンパクトに収納できるので問題なし！　裁断作業が捗るのも間違いなし！　A4ヨコ対応と A3ヨコ対応の２サイズあり。

◆インテリア性と健康面を両立

ISUZABU（ジスクリエーション）

突然ですが、皆さんは、長時間の座り姿勢にストレスや疲労を感じることはないでしょうか？　実は、仕事や勉強といった集中すべきシーンと読書などのリラックスシーンでは、正しい座り姿勢が異なるのだそうです。

そもそも、直立時の正しい姿勢というのは、風船で頭が吊られ、その下につながる背骨がＳ字カーブを描いているイメージなのだそう。

そして、座っているときもこのＳ字カーブを描く姿勢が体に負荷のない座り姿勢で、「背骨」と「骨盤」の２つの骨がポイントとのこと！　骨格のプロである整体師のアドバイスをもとに開発されたISUZABUは、

①**体に負荷のない座り姿勢が自然につくれる**

②**背もたれを曲げ伸ばしすることで同じ椅子で ON/OFF の切り替えができる**

という、椅子専用の進化系座布団。

▲ OFF の状態

▲ ON の状態

背もたれを折り曲げる ON モードでは、腰椎を支え、背骨の S 字
カーブを無理せずキープ＆フラットな座面により、骨盤下部にある坐骨
が安定して接地し、S 字カーブの土台となる骨盤を立たせる姿勢に導い
てくれる。片や、OFF で食事や読書などを楽しみたいときは、背もた
れを伸ばしてゆったりリラックスモードにして使える座布団なのです。

　また、取っ手付きで外出時の持ち運びにも◎で、トートバッグなどに
使われている丈夫な倉敷帆布（8 号帆布）が素材に使われているので、
耐久性も抜群！

　そして、日本の気候風土や暮らしと調和するように、昔ながらの座布
団の製法で、腕の良い職人さんによって一つひとつ丹念に手づくりされ
ているため、1 日に20個ほどしかできないという貴重な品でもあります。

　インテリアになじむ優しい 6 色のベーシックカラー（ヒワグリーン、
マッシュルーム、グレイ、キャニオンレッド、セルリアンブルー、マス
タード）に、インテリアの差し色となるアクセントカラー 6 色（ロイヤ
ルブルー、ショッキングピンク、アイボリー、グリーン、イエロー、チャ
コール）が、2021年 4 月のリニューアル時に新たに加わり、全12色に。

◆携帯性・収納性も抜群のデスクライトは超オススメ！

太陽光 LED ライト　Halo Go （サン・プランニング）

　またもや質問からとなりますが、皆さんは、「タスク・アンビエント照明」という言葉をご存じでしょうか？

　居心地の良い住まいづくりをモットーとする大和ハウス工業のサイトによると、タスク・アンビエント照明というのは、部屋全体を明るく照らすのではなく、天井照明（アンビエント照明）の照度を控えめにし、作業用照明（タスク照明）で必要な明るさを確保する照明法だそうです。

　これは、仕事場がリビングの一角でも書斎などの個室でも言えることで、天井埋め込みタイプの温白色（自然な色）の照明にデスク周りを照らす昼白色（青みがかった色）の照明を組み合わせると、他空間とのバランスも良く、必要な照度を確保できるとのこと。

　また、タスク照明は利き手とは逆側に設置して、「手暗がり」にならない工夫も必要との旨で、同社では、クリップライトなどを後から設置することによって延長コードなどを別途準備しなくても済むように、予め必要な電源の数やコンセントの位置を想定しての住宅設計を推奨されているそうです。

　「なるほど！」と個人的にも大変興味深いお話ですが、ココで「住宅の設計までは……」という方におススメしたいのが、サン・プランニングの太陽光 LED ライト Halo Go です。

　この Halo Go は、前述のタスク・アンビエント照明を簡単に実現できるだけでなく、小さな文字でもくっきり・はっきり見える色温度とモノ本来の色で鮮やかに見

える超高演色性を同時に可能にした、ルーペ付きの最高級 LED デスクライト。

充電式なので、アウトドアでの使用も可能で、非常時の懐中電灯としても重宝します。ビデオ会議の照明にも◎。

薄さ4cmに折り畳めるので、携帯性・収納性も抜群という、スタイリッシュな優れモノ。

第4章

アレンジや
本来の用途以外でも
便利に使える

1 オリジナル・メソッドを考えよう！

◆そのままで十分便利な文具をさらに活用する

これからご紹介するヤマトの**テープノクリップフセン**は、同社のカッター付テープ型フセン「テープノフセン（※裏側全面のり付で、カッターでお好みの長さに簡単にカットでき、書類やファイルなどのインデックスにも◎なフセン）」に差し込み式クリップと磁石をプラスした2020年度「グッドデザイン賞」受賞製品です。

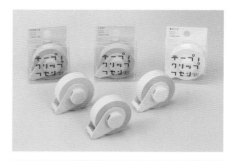

クリップを付けたことにより手帳などを挟んでの携帯が可能に、磁石の追加では引き出しやキャビネットなどの金属面に固定できるようになりました。

6色展開で書類などの色識別もできるなど、これだけでも十分便利なのですが、さらにご活用いただくために、私から本来の用途以外の使い方をご提案します。

◆機能や特長を活かすことが新用途の発見に！

　ふと気が付くと、机の上に無数の散らばったクリップや外したホッチキスの針が……。仕事に集中するあまり、このような状態になってしまったことはないでしょうか？

　「テープノクリップフセン」は、そんなときに⬇こんな使い方をして、机の上を一掃＆キレイにすることもできるのです。

　ひと仕事終えた後、移動や帰宅の際などにオススメ！

　本やノートなどの綴じ部分やちょっとした隙間に入り込んでしまったときにも役立ちそうです。

　また、フセンの「のり部分」の粘着力を利用して「消しゴムのカス取り」にしても◎。

　デスク周りがキレイだと気持ちまで清々しくなり、仕事も益々はかどるでしょう。

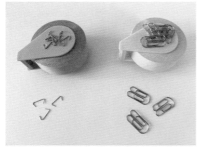

▲クリップや外したホッチキスの針などの小型の金属製品を磁力で回収（掃除）

▲フセンの粘着力を利用して「消しゴムのカス取り」として使う

さらに、適宜カットしたフセンにパンチ穴を開ければ、「字消し板」として使うこともできます（※一般的なフセンにも応用可）。

文字が込み入った部分など、入念な作業が必要とされるときに重宝します。

使わないときは、ノートや手帳、消しゴムのスリーブなどに貼っておくと◎。

数回使用した後、最後に「消しゴムのカス取り」にして廃棄するという合わせ技もあり！

▲パンチ穴を開けて「字消し板」として何度か使った後は「消しゴムのカス取り」にして廃棄

※フセンの粘着剤が塗布されている部分にパンチで穴を開けると、パンチの故障の原因になる可能性がありますので、ご使用の際はご注意ください。

次は、「ホッチキスの針」でどこまでできるか、やってみましょう！

◆ホッチキスの針の活かし方① 「色」に注目

「ホッチキスの針」の活用 その1

　私たちが通常目にする金属製のホッチキス針の色は、圧倒的に銀色が多いと思うのですが、実はホッチキスの針の色にはバリエーションがあるのです！

　であれば、ホッチキスを何台もお持ちの方は、ホッチキスごとに違う色の針を入れて、書類の種類や科目、学年、学期ごとなどで色を統一してその識別を容易にするなど、何らかのメリットを発生させることはできないでしょうか？

　以下、**ホッチキス針 No.10-1M カラー針**（マックス）での使用例です。

	例1	例2	例3
銀色（標準タイプ）	A 社 /A 校関連	国語	1 学期
メタリックブルー	B 社 /B 校関連	英語	夏休み
メタリックピンク	C 社 /C 校関連	算数 / 数学	2 学期
メタリックグリーン	D 社 /D 校関連	理科	冬休み
メタリックイエロー	E 社 /E 校関連	社会	3 学期

合わせてオススメ！

シリコン製ホッチキス針ケース りくちのいきもの（マックス）

　ホッチキス針を箱のまま本体にセットして、右側から押し出して使う、シリコン製ホッチキス針専用ケース。ライオン、パンダ、ゾウ、オオカミの4種で、愛らしいいきものがモチーフ。デザイン監修：p+g design。

◆ホッチキスの針の活かし方② 「数」に注目

　複数枚の書類を1つにまとめる際にホッチキスを使用するケースは多いと思いますが、書類が Vol.1、Vol.2……と続く場合、それをホッチキスの針で表現して識別しやすくするのはいかがでしょうか？

　ローマ数字で、I, II, III……と、個人的には、使用する針が3本までで済む VI（6）くらいまでなら一般的な綴じ方（※書類の向かって左上を綴じる）でそれを行っても問題ないように思います。

　インデックスにホッチキスして No. を表すことも可。

▲ Vol. の番号をホッチキスの針で表現

▲インデックスにした場合

2 手元にあるモノや廃品も利用して

◆工夫次第でさらに使いやすくなる

　次に、必要な時に必要なモノが「探し易く取り出し易いペン立て」を
ご紹介します。

　私は、市販の透明なアクリル製のポット（内径：約70mm）をペン立て
として使っているのですが、長く使っているうちに「アレもコレも
……」と収納するアイテムが増えてしまい、いざ必要なペンを取り出そ
うとするときにスムーズにいかなくなってしまうことも……。

　「コレは、何とかしなくては！」と解決策を考えたときに思いついた
のが、キッチン用ペーパータオルの芯をカットしたものをこの中央に立
てて入れて「仕切り」にできないかということ！

　実際やってみると、「渡りに船」とばかりに、芯の外周にペンが１本
入るくらいのスペースが出現！

▲芯の外周にペンが１本入るくらい
　のスペースが！

▲芯の外側に「よく使うペン」を丸
　く１列に並べて収納

※これ以外のペン立てにも応用可

そして、このゾーンには「よく使うペン」、芯の内側には「蛍光ペンのみ」、あるいは「ハサミや定規などのペン以外のモノ」など、自分の使い勝手が良いようにルール化すると、使いたいモノを探して取り出すまでの作業がとてもラクになり、時短にもつながったのです。

▲芯の内側には「蛍光ペン」を収納

▲芯の内側に「ハサミや定規などのペン以外のモノ」を入れた場合

※どちらも一見ゴチャゴチャたくさん入っているように見えますが、探し易さ＆取り出し易さは◎。

　芯をもっと長くすると、その芯にクリップ式のペンを引っかけて収納することもできます。

　なお、このポットは透明度が高いので、カレンダーや「ToDo メモ」、最寄り駅の時刻表などを外側から見えるようにセットしてデスク周りに置いておくとさらに重宝します。

また、アクリル製のポットの代わりに「綿棒の空容器」を使うことも可能です。

　ココでは、カットしたキッチン用ペーパータオルの芯を3本入れて「変形可能な仕切り」とし、作業期限日を記載した付箋を内側に貼って期限管理の機能もプラスしました。

　小さな隙間にはよく使うペンを1本入れて固定席にしておくと、取り出す際にさらに◎。

※芯をカットする際は、ペンの長さ
やお好みに応じてのカットで！

◆実際に手に取って試してみるのがいちばん！

お次は、**デルプ**。

デルプは、マックスから
2015年に発売された紙製の
クリップで、本来は、右下
の画像のように使います。

特長としては、

① 書類をしっかりとめられて、繰り返し使える
② 文字が書き込める
③ 紙製なので、人にやさしく、リサイクルしやすい

……とイイコト尽くめで、私もこれまでセ
ミナーやブログ、取材など、至るところで
私独自の使い方をご披露してきたのですが、
働き方改革を後押ししてくれるアイテムと
して皆さまのお役に立てるのは間違いない
ので、本書で改めて私流の使い方をご紹介
します。

※2021年12月末にて生産終了。
　在庫なくなり次第販売終了。

「デルプ」の活用　その1

ホルダーに装着して「ストッパー」や「仕切り」「インデックス」として使う

・デルプをホルダーの下側の上部右端に装着します。

・ホルダーに書類を収納します。

・ホルダーの上側の角をデルプの中に入れることでデルプが「ストッパー」の役割となり、ホルダーの開きを防いでくれます。
・ホルダーの内部で書類をカテゴリー分けする際の「仕切り」としても使えます。

多色使いにして、書類の識別が可能なインデックスにしても◎。

手帳などに装着して「インデックス」として使う

　私は、当月のマンスリーのページを頻
繁に見るため、いつでもそのページが
パッと開けるように、このページに自分
が好きなピンク色で右の画像のようにし
ています。

　余白が始まるページには「余白」をイ
メージさせる「白」のデルプを取り付け
ました。
　こうしておけば、大急ぎでメモをとる
ときに、余白ページを探さなくて済むの
で便利です。

　他にも頻繁に閲覧するページがある場
合は、これ以外の色のデルプを該当ペー
ジに付けておくとさらに◎。
　私は手帳の路線図のページに自分がよ
く使う千代田線や山手線をイメージさせ
る緑色を使いました。

「デルプ」の活用　その3

手帳などに装着して出先での領収書などの一時保管に使う

デルプは、紛失しがちな領収書などの小型書類を手帳内に一時保管するのにも最適です。

しっかり書類を挟んでくれるので、ズレや抜け落ちがしにくく、見た目も◎。

※ちなみに裏側は、こうなります。

「デルプ」の活用　その4

紙袋に装着して「紛失防止」「雨濡れ防止」「人目からの保護」に使う

紙袋は、私たちが日常生活を送る上で、何かと便利なアイテムですが、この上部が開きっぱなしだと、中身が

・落ちたり、こぼれてしまったりする
・雨に濡れてしまう
・他の人から見えてしまう
……などといった不具合が生じることがあります。

こうした不具合を避けたい方は、このようにデルプを使ってみてください。簡単に解決します。

◆不要になったリングファイルの再生活用

　最後に、「2穴リングファイル」の再利用法をご紹介します。

　同じアイテムを長く使っていると、どんなに耐久性のある素材でも、傷や汚れの付着、多少の劣化は避けられないでしょう。また、飽きてしまうということもあるかもしれません。そういう場合は、何か手を加えることで再利用できないか、考えてみましょう。

リングファイルがバインダーに

　あるとき私は、手持ちのリングファイルの表紙に粘着剤の見苦しい跡があることに気づきました。捨てようかと思って手に取ってみると、内側は捨てるのが忍びないほどキレイな状態……。

　迷いましたが、前述の接着剤の跡は拭いても取れなかったので、私はこのファイルの表紙を切り取ることにしました。

　さらに、ハサミでカットしたファイルの長辺部分をケガ防止のためにマスキングテープでカバー。

　このとき、ペンのクリップがファイルのリング部分に挟めることが判明！　コレなら、書きたいときにタイミングを逃さず書けそうです。携帯にも◎でしょう。

　こうして、リングファイルの最大の特長である「ページの差し替えが簡単にできる」というメリットをそのまま受け継ぎ、さらには縦書き・横書き不問の、ペンまで挟める便利なリング式ボード（メモ用バインダー）が出来上がりました。

　私は、案件ごとの ToDo を記入するアイテムとして PC の脇に置いていますが、後から新しいページを追加することができるので、使い勝手が非常に良く、手放せない状態です。表紙をめくる必要がないため、優先順位順に綴じておけば、着席後すぐに仕事に取りかかれるのも◎。

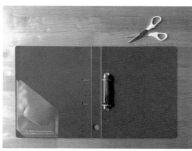 

▲背表紙のリングに近い側の折り目に沿ってハサミを入れて切り離し、ケガをしないように両角を丸くカット

 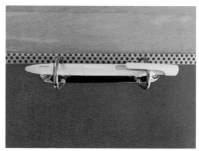

▲ケガ防止のためにマスキングテープでカバーする

▲リングにしっかり引っ掛かるので、ファイルを立てても横にしても大丈夫！

▲リング式ボード（メモ用バインダー）の完成！

My ルール

- ・案件ごとにシートを独立させる
  （※書くスペースがなくなったら、次ページを追加する）
- ・シートの上部に案件名を記載したインデックスを貼付する
- ・作業期限日（〆切）がある場合は、その日付を書いた付箋をシートの
  右側に貼る
- ・基本的に書き方は自由で、イラストを入れるなど、案件ごとに異なっ
  ても OK
- ・ToDo だけでなく、派生事項や目標などを書いても OK
- ・終わった ToDo は、グレーの蛍光ペンでマークして 済 であることを
  クリアにしておく
- ・重要事項や注意事項は、赤ペンなどを利用してミス防止に

……と大変重宝しています。

第 **5** 章

デジタル文具&
ICT の導入

1 データ化・ペーパーレス化の推進

◆教育現場の現状を打破するために

　本書は、文具を「働き方改革を後押しするツール」の１つとしてご紹介することをテーマにしていますが、教育現場では、ICT* 教育やGIGA スクール構想 ** などが推進され、新型コロナウイルス対策を余儀なくされていることなども考慮し、本章ではデジタル化や高性能機器の導入などについても触れたいと思います。

---

　* ICT：情報通信技術(Information and Communication Technology)
　** GIGA スクール構想：文部科学省が2019年に発表した「１人１台端末と高速大容量の通信ネットワークなどを整備する５カ年計画。コロナ禍での休校の影響により前倒しで行われた。

　実際に教育現場では、GIGA スクール構想による生徒への端末の配布やオンライン授業の普及が進んでいるところもあるなど、働き方改革にもプラスになっているようですが、残念ながら、未だに紙ベースのところも多く、ICT 導入率100% にはまだまだのようです。

　このような状況下で、今、何か困っていることがある方は、その原因が下の３つの中にないでしょうか？

---

①（テストを紙で行っているため、）採点・返却作業に時間がかかる
②生徒からの紙の提出物が多すぎて、管理しきれない
③デジタル教材で授業をしたくても、紙の教材しかない

……であれば、安心してください！　スキャナーを使えば、それぞれ以下のように簡単に解決することができるのです！

> ①採点・返却作業に時間がかかる　→　採点作業の効率化
> ②紙の提出物を管理しきれない　→　提出物の管理を一元化する
> ③紙の教材しかない　→　デジタル教材を自分でつくる

　ちなみに、「IT 用語辞典バイナリ」によると、スキャナーというのは、「印刷物や写真などを画像情報として読み取り、データとしてパソコンに保存するための装置」です。

　つまり、紙面上の情報をデータ化し、端末での閲覧や共有化などを可能にしてくれる機器ということ。

　私自身も、それによって、紙のデジタル化やペーパーレス化が実現して、

・書類の検索性がアップし、探す時間を大幅短縮
・自宅や外出先でも書類の閲覧が可
・職員会議資料や教材などの情報共有を促進
・書類保管の省スペース化を実現
・セキュリティ面の向上
・資料の検索性がアップ
・情報共有の促進
・省スペース化の実現
など、数々のメリットが発生し、今や、オフィスでもプライベートでも必要不可欠の便利なアイテムと思っていました。

そのスキャナーが教育現場でのこれらの問題をどう解決してくれるの
か、非常に興味深い話ではないでしょうか。

　では、これから、その概要を①から順にご紹介します。

　なお、本書では、以下のスキャナーを例に挙げての全般的な説明とな
ります。

fi-7160 （PFU）

　学校・学年での使用に最適な業務用ス
キャナー。高速読み取りや原稿保護機能
など、読み取り業務を効率化する様々な
機能を搭載したコンパクトな A4タイプ。
金融・医療・教育・公共など、幅広い業
種・業務での様々な原稿を確実に読み取
り、生産性の向上に貢献。

ScanSnap iX1600 （PFU）

　「1クラス分」など、先生個人
の使用にオススメの情報整理に優
れたスキャナー。日々発生する紙
の情報や書類をストレスフリーの
ワンタッチ操作で簡単＆迅速に
データ化し、よりスムーズなオン
ライン教育を実現。スキャンデー
タを本体から直接メールや FAX
で送信することも可。

◆①採点・返却作業に時間がかかる→採点作業の効率化

　これは、スキャナーとそれに対応する各種ソフトや支援ツールなどを使って、採点から通知までを一貫して行う方法で、

| 答案スキャン | 採点・集計 | Google Classroom 配布 | Chromebook に保存 |

①スキャナー（fi-7160/ScanSnap）で答案をスキャン
②スキャネット社の採点ソフト「デジらく採点 2 」で採点・集計
③「Google Classroom」＊や「Chromebook」＊＊などを利用して、
　ネットワーク経由で生徒に答案返却・成績通知
……という流れになります。

＊ Google Classroom：Google が提供しているアプリケーション
＊＊ Chromebook：Google が開発した ChromeOS を搭載しているコンピューター。

　ScanSnap のモバイルアプリ「ScanSnap Connect Application」と Chromebook を対応させることで、Wi-Fi 搭載の ScanSnap がスキャンした資料や教材などのイメージデータ（PDF ファイル /JPEG ファイル）が直接 Chromebook に保存される。これにより、先生と生徒のデータの共有も可。

◆②紙の提出物を管理しきれない→提出物の管理を一元化する

　コロナ禍では、従来からある進路希望調査票や記述式の生活アンケートなどの生徒からの提出物に、日々の健康観察のチェックシートや在宅学習用の課題提出などが加わり、紙ベースでの提出書類がますます増えてしまったのではないでしょうか。

　けれども、こういった様々な書類をサーバーにある生徒毎のフォルダーに仕分けた状態で保存し、一元管理しておけば、いつでもその情報が閲覧可能になります。急を要す書類提出に迅速に対応できるのも◎。

生徒毎の QR コードを挟んでスキャン　　　　　**生徒毎のフォルダに自動で仕分けて保存**

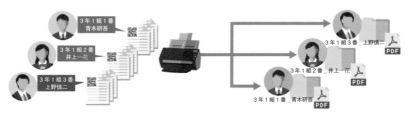

　なお、fi シリーズと標準添付のソフトウェア「PaperStream IP/Capture」を利用すれば、まとめてスキャンするだけで、QR コードやバーコードを使って自動的に生徒毎のフォルダーに振り分けて保存することができるので、さらに便利です。

fi シリーズ

　　fi-7160　　　　　　fi-7460　　　　　　fi-800R　　　　　　fi-7900

◆③紙の教材しかない→デジタル教材を自分でつくる

　「with コロナ」という環境でオンライン教育の実施が求められ、それに応じるべくデジタル教材で授業を実施したくても、「紙媒体でしか存在しない教材が多い」とお嘆きの先生にオススメなのが、スキャナーで教材をスキャンして、デジタル教材を作成すること。

　さらに、「Google Classroom」や「Chromebook」などを活用して配布すれば、デジタル教材を使っての with コロナ対策バッチリのオンライン授業がスムーズに実現します。

| 教材スキャン | デジタル教材
の作成 | Google
Classroom
配布 | Chromebook
に保存 |

※著作権の対象となる教材をスキャンし、授業の範囲で配布することは「授業目的公衆送信補償金制度」に"準ずる範囲"で権利者に個別の許諾を要することなく利用可能です。詳細は文化庁ホームページをご参照の上、必要な届出等を済ませてから実施いただけますようご留意ください。

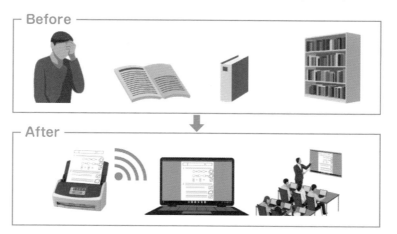

◆スキャナーとの併用で効果∞!?

　これ以外にも、ScanSnapと併用することで業務効率化やペーパーレス化に大いに役立つアイテムがありますので、併せてご紹介します。

電子ペーパー「QUADERNO（クアデルノ）」

（富士通クライアントコンピューティング）

　見るからにオシャレ＆スマートな印象のクアデルノは、超軽量・薄型の電子ペーパー。本物の紙とペンのような「書きやすさ」と「読みやすさ」が特長です。

　皆さんの悩みのタネでもある「膨大な資料の取り込み」や閲覧、手書きメモやPDFへの書き込みなども簡単にクリアー。

▲2021年7月発売の新モデル

　手書きメモのコピー＆ペーストや検索機能などもあり、まさにアナログの良さとデジタルの利便性を兼ね添えたツールです。

　ScanSnapとの接続で、紙書類を直接スピーディーに取り込めるため、教育現場での様々なシーンで業務効率化やペーパーレス化が実現するでしょう。もちろんプライベートでも有効に使えます。

※ Wi-Fi搭載のScanSnap iX1600、iX1500、iX300、iX500、iX100の5機種に対応（2022年4月1日現在）。

　スタイラスペンなどのアクセサリー類も要チェックですネ！

2 高性能機器の活用

◆高速カラープリンターを使うメリット

この後は、スキャナー以外で働き方改革を後押しできる高性能機器として、理想科学工業株式会社の高速カラープリンター **「ORPHIS（オルフィス）」**をご紹介したいと思います。

以下、オルフィスについて理想科学工業さんから伺ったお話を再現します。

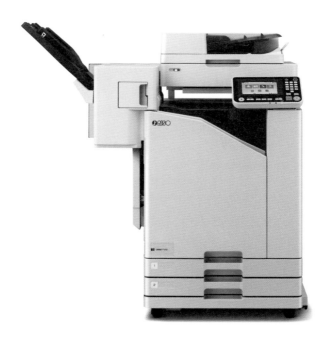

◆メーカーさんに伺ってみました！

オダギリ（以下「オ」）：初めまして、オダギリです。

今日は、貴社の「オルフィス」について詳しく教えてください。よろしくお願いします。

理想科学工業（以下「理」）：よろしくお願いいたします。

オ：貴社のオルフィスがカラープリントの低コスト化を実現させ、さらにオフィスでのプリンターの順番待ちまで解決できてしまう高速プリンターである旨は、私のほうでも以前から存じ上げていたのですが、本書の読者さんの中には、職場で既に導入済でその恩恵をたくさん受けていらっしゃる方から

まだご存じない方までいらっしゃると思いますので、まずは、オルフィスがどういった製品であるか、その特長などを教えていただけますでしょうか？

理：オルフィスは、生産性、拡張性、経済性を兼ね備えた世界最速[*1]のインクジェットプリンターです。

その中でお客様に一番喜ばれている特長は高い生産性になります。

オ：生産性が高いというのは、プリントする際のスピードが速いということですね。

具体的には、どれくらいの速さになるのでしょうか？

理：「オルフィス FT5430」なら１分間に片面140枚[*2]の高速プリントが可能です。1000枚のプリントなら、時間は７分程度しかかかりません。

そう聞いてもピンとこない方もいらっしゃるかもしれませんが、実際に職場にあるプリンターと比べてみていただくとその差がわかると思います。

もし、職場に A4を１分間に40枚出力できるプリンターをお持ちな

ら、1000枚を連続でプリントしようとするとざっと25分はかかります。生産性において、3倍以上の性能を誇ります。

オ：であれば、オルフィスのプリント速度は「標準の3倍速以上」ということになりますから、まさに高速プリント！
頼もしいですね！　私もぜひ使ってみたいです‼

◆製本までできて経済的！

理：次が、拡張性です。
学校では印刷したものを、配付する際にステープル綴じを求められる資料が多くあります。職員会議やPTA総会の資料などの作成に人海戦術で対応されている学校は多いのが実状です。

ちなみにオルフィスのフラッグシップモデル「オルフィスGL9730」なら、1分間に165枚[*1]もの高速プリントが可能です。
片面、両面ともに大量プリントを短時間で処理し作業時間を大幅に減らせるので、ご導入いただいているお客様からは、労働時間の短縮と業務効率化につながったとのお声を多数いただいております。
オ：今、お話にあった「1分間に40枚」という数字は、一般的なプリンターのプリント速度と考えてもよろしいでしょうか？
理：機種によってスピードの違いはありますが、学校などで使用されている複合機では、40枚/分くらいが妥当かと思います。

オルフィスでは、ステープル処理[*3]まで完結できます。原稿を用意いただき簡単なボタン操作のみで、冊子作製が終了します。
わざわざ人を集めての丁合やステープルをする作業が不要になります。また、ミスも起こらないのでストレス軽減にもつながります。

ステープル

オフセット排紙

二つ折り

小冊子
（二つ折り）

小冊子
（二つ折り＋ステープル）

Z折り

Z折り混在

Z折り混在＋
ステープル

内三つ折り

外三つ折り

2穴/4穴
パンチ

マルチフィニッシャーを
動画で見る

その他のオプションでは、小冊子製本やくるみ製本ができるものもご用意しております。

オ：本書は、学校の先生や事務職員の方々の働き方改革を後押しする文具やツールのご紹介がテーマなのですが、この機能は先ほど伺った「生産性の高さ」とともに、まさに働き方改革にピッタリのアイテムとなりますね！

他には、どんな特長がありますでしょうか？

理：3点目に、経済性です。

オルフィスなら、A4モノクロが1枚当たり約0.4円[*4]でプリントができます。職員室内のプリントを集約してコストを大きく削減することができます。

また、フルカラーも1枚当たり約1.5円[*4]でプリントできますので、気軽にカラープリントができるようになります。教育効果向上や表現力豊かな資料作成にお役立ていただいております。

オ：A4モノクロが1枚当たり0.4円、フルカラーが1.5円というのは、非常にコスパが良いですね！他にももっとメリットがありそうですね！　遠慮なさらず教えてください（笑）。

理：実は、環境負荷軽減につながるという点も高く評価されております。

インクジェットプリンターなので、一般の（職場にある）プリンターと比較して消費電力が少ないです。また、高速出力により機械稼働時間が短く総消費電力も低くなります。

また、消耗品のインクカートリッジにはリサイクル性の高い段ボールを採用しております。これは再資源化を進めるためのもので、お客様にも評価いただき、ご協力をいただいております。インクもエコマーク認定やグリーン購入法に適合しており、安心してご使用いただけます。

◆無駄な作業やストレスも軽減

オ：インクジェットプリンターで消費電力が少ないところに、高速出力による機械稼働時間の短縮化、総消費電力も低くなる……というのは、ユーザーにとっては本当にありがたいことですね。消耗品関係における事象とも併せ、並々ならぬ企業努力を感じます。
ところで先ほど「拡張性」ということで、冊子作製が簡単にできる旨を伺いましたが、教育現場で発生する業務で、働き方改革を後押しできることが他にもあれば、教えていただけないでしょうか？
理：大変興味を持っていただき、ありがとうございます。

まだまだたくさん教育現場での働き方改革におすすめできるポイントがあります。
オルフィスは、当社独自の「油性顔料インク」を採用しているのですが、速乾性に優れた高速プリントに適したインクなので、用紙の波打ちなどの変形を抑えてプリントでき、紙揃えを美しく、取り出しやすく排紙されます。

油性インク　用紙の変形が少ない　　水性インク　波打ちなど用紙が変形しやすい

取り出しやすく排紙されるので、プリント後の紙揃えをする作業が軽減されるだけではなく、用紙の変形がないので、その後に断裁機や紙折機を使用する場合もストレスなくスムーズに行えます。
「それがいったいどう働き方改革につながるのだろう？」と思われる方もいらっしゃるかと思いますが、印刷用紙が変形してしまい紙折機での作業の際に紙詰まりが発生してしまったり、紙揃えをするのに時間がかかったりするのは、

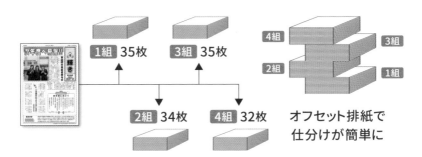

1組 35枚　3組 35枚　2組 34枚　4組 32枚

オフセット排紙で
仕分けが簡単に

ちょっとしたことではありますが、忙しい教育現場での大きなストレスになります。

そのストレスを軽減し、作業時間の無駄をなくしていくことで、大きく働き方改革につながっているとのお声をいただいております。

オ：これは、作業をする上で大切なことですよね……。

理：また、オルフィスの機能で「プログラム印刷」という機能があります。

クラスごとに配布部数が異なるプリントは、出力後の部数分けが大変でしたが、プログラム印刷機能を使い、あらかじめ部数を設定しておくことで、簡単に必要部数ごとにプリントができます。クラスや学年など、いつも決まった部数をプリントする場合、必要な部数をグループで登録しておけば、都度設定し直すことも、プリント後の仕分け作業に時間を取られることもなくなり大変便利です。途中

教材やテキストに

わかりやすい！

教材やテキストをカラーにすることで、要点がわかりやすくなり、生徒の理解度がアップ。学習意欲向上につながります。

学級新聞などのおたよりに

伝わりやすい！

保護者や地域の方々に配布するおたよりをカラー化することで、楽しい学校の様子を伝えることができます。

校内掲示物に

目にとまりやすい！

校内や教室内の掲示物をカラー化することで、生徒の目にとまりやすく、見てもらえる掲示物になります。

に用紙を入れる合紙機能やオフセット機能を使用すれば、さらに便利に使用でき、プリント作業に関わる時間を効率化することで、生徒と向き合える時間や教材づくりの時間の確保に貢献します。

オ：そんな便利な機能もあるのですか!?

こういった機能を利用して発生した時間を「生徒と向き合う」「教材をつくる」などの時間に充てられるというのは、働き方改革の観点からも◎ですね！

◆コピーデータの保存機能

理：さらに、「ボックス機能」です。オルフィスにはプリントデータやコピーデータを保存すること

ができる HDD が内蔵されているのですが、定型教材や頻繁に使用する原稿などを「ボックス」に保存し、必要に応じて再プリントできます。先生ごとや教科ごとに専用フォルダを作成することもでき、保存データには文書名をつけて管理することができるため、操作パネルで内容を確認して誰でも簡単にプリントすることができます。必要な教材やプリントの元原稿を探す手間が省け、効率的に教材作成が可能です。

オ：実は、私の知人で、オルフィスを既に導入されている学校で事務職員をしている方から「オルフィスは、働き方改革の救世主」「ぜひ導入をオススメしたい」な

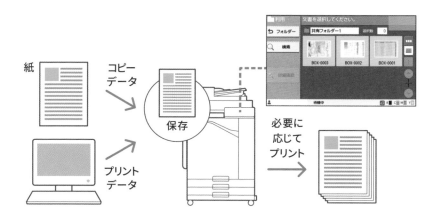

どというメッセージを事前にいただいていたのですが、オルフィスには本当に至れり尽くせりの有益な機能が満載ですね！

今日は、働き方改革の後押しとなるオルフィスの最新情報をたくさん教えていただき、ありがとうございました。

オルフィスFTの紹介を
動画で見る

＊1： オルフィス GL9730の場合。A4普通紙片面横送り、標準設定連続プリント、GDフェイスダウン排紙トレイ使用時。オフィス用カラープリンターにおいて世界最速（データ・サプライ調べ：2021年9月現在）。

＊2： オルフィス FT5430の場合。A4普通紙片面横送り、標準設定連続プリント、本体フェイスダウン排紙トレイ使用時。

＊3： オプションの FW オフセットステープル排紙トレイまたは OR マルチフィニッシャーが必要です。

＊4： オルフィス FT5430の場合。A4普通紙片面、RISO FT インク F 使用時。カラーは測定画像に ISO/IEC24712 に定めるパターンを使用し、ISO/IEC24711にならい RISO 独自の測定方法によって算出。モノクロは測定画像に ISO/IEC19752に定めるパターンを使用し、ISO/IEC24711にならい RISO 独自の測定方法によって算出。用紙代別。

column 100均アイテム活用術
「水切りカゴ」を「デスクオーガナイザー」にする方法

　私が使っている食器用の水切りカゴは、100均ショップで購入した「置く 水切り＆お皿スタンド」なのですが、

▲畳むと超コンパクト！

▲ロックなしの全開状態

▲ロック後本体を左右に開くとお皿立てに

▲水切りカゴとして使っている状態

　小型で本体の水切りもしやすいため、水垢やカビの発生もなく、とても重宝しているので、逆にコレを業務で使用する何かに応用できないか考えたときに思いついたのが、⬇ のデスクオーガナイザーです。

▲手帳、文庫本、小型のバッグ、スマホなどを立てかけて収納できる。小物の一時置きにも◎

▲何かを取り出す際に仕切りがガードになって、隣のモノが倒れたりしない

　元々が「水切り」なので、床からの距離（高さ）があるため、万一卓上に置いていた飲料などをこぼしても濡らさずに済むというメリットも！

　臨時に何かを乾かす際の台としても使え、不要なときは畳んでコンパクトにしまえるのも◎。

column

100均アイテム活用術

「回転式シューズハンガー」は「5倍力S字フック」にもなる!

　先日、100均ショップで「回転式シューズハンガー」が目に留まり、思わず購入してしまいました。なぜなら、一般的な「S字フック」の5倍の収納力があるように思えたからです。

▲向かって左が一般的な S字フック。右が回転式シューズハンガー

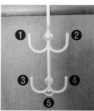

▲モノを引っかけられるところが5カ所あり

▲回転式シューズハンガーを真横から見たところ

▲上・下段のフックの向きが調整できる。⬆️の画像は上段を90度回転

　まずは、各フックにマスキングテープを引っかけてみました。

▲ご覧の通りの5倍力

▲ハンガーの先端の❺の部分にはS字フックをセットしています

▲ダブルクリップや輪ゴムなどをかけてデスク周りに置いても◎

　次は、バッグをかけてみましょう!

▲エコバッグからビジネスバッグまで、各種サイズのバッグ4点

▲S字フック1つでも十分対応可ですが、奥のバッグを取り出す際に手前のバッグを退かす必要が……

▲シューズハンガーなら、1つのフックにかけているバッグは1つだけなので、どのバッグを取り出すのもスムーズです

第 **6** 章

「モチベーションアップ」
になる！

モチベーションアップして自分らしく働こう！

◆仕事に喜びと楽しさを見い出せる文具を探そう！

　最後に「モチベーションアップ」を選ぶ際の着眼点にした文具をご紹介します。

　まずは、はにわの形をした指サック **「はにさっく」**（ライオン事務器）です。

　はにさっくは、1章のP.40にもありますが、これまでに第1弾と第2弾（「はにさっく 其の弐」）が発売され、その後、「数量限定」で従来品よりもひと回り大きめの「特大サイズ」が発売されました。

　個々の「はにわ」の表情やポーズが何ともかわいくて、デスク周りに置いておくだけでモチベーションがアップし、仕事中に困難なことが起きても、コレをチラッと見るだけで頑張れそうなアイテム。枚数数えなどのような単調な事務作業にも喜びと楽しさを与えてくれるでしょう！

　いずれも使いやすさは◎で、具体的には、

　①**外れにくいキャップタイプ**

　②**内側をリブ状にして、サックが指に程よくフィットし、紙をめくっ**
　　ている途中で滑ったり、回ったりしにくい

　③**背面に凸凹加工を施し、紙をしっかりキャッチ＆めくりやすい**

などの工夫がされていて、見た目がカワイイだけのアイテムではないのです。

▲「はにさっく」（第１弾）※第１弾は生産終了。在庫限りの販売になります。

▲現在主流となっている「はにさっく 其の弐」（第２弾）

▲特大サイズ（数量限定）

　では、この後は、「はにさっく」に勝るとも劣らないモチベーション
アップになる文具の数々をテーマ別にご紹介します。

溶けるメモ（めでたや（大直））

「書いた言葉が水で消える」という
超ビックリ・メモ。水性ボールペン、
ボールペン、鉛筆での記入が◎。環
境にやさしい素材を使用。雨や土中
の水分でも溶けるそうです。個人情
報や㊙事項などの処分にも◎。

スティッキータブ（HIGHTIDE）

　好きな場所に自由に見出しがつくれるインデックス付箋。貼り剥がし
が簡単なので気軽に使える。タスク管理可能な ToDo タイプ（ピンク
とイエロー）と自由に使えるドットタイプ（ブルーとグリーン）の２種。
インデックスが３段あるので付箋同士が重なることもなく、見た目も
スッキリ！　ページをまたいだ記述でも内容をきちんと把握することが
できる。縦・横問わず、点に沿って記入できるドットタイプはグラフや
図などへの使用にも◎。

　インデックス（３段）×各20枚の
セットで、計60枚入。

 ピンク　　 イエロー

 ブルー　　 ライトグリーン

伝書クリップ（山櫻（プラスラボ®））

　メッセージを書いてクリップのように紙に挟んで使う「のりなし付箋」。挟み方で書いた内容が外側から見えるようにも見えないようにもすることが可。本体の山の部分にタイトル、罫線部分に概要を記せば、分類はもちろん、中身まで確認できる、より便利なインデックスに！

机上でも存在感ある台座付きの「メモブロック」(penco)

　木製のミニパレットがついたオシャレなメモブロック。用途に合わせて３つのデザインから選べる。側面のグラフィックにも要注目！　使い終わったミニパレットには付箋をセットしてリユースするのが◎。貿易事務をしていた私には垂涎の逸品！　300シート入。

教科書に書き込める透明ふせん（サンスター文具）

　いつもの勉強がはかどる便利なグッズ examy（イグザミー）シリーズのラインナップの１つ。教科書に透明なふせんを貼り付けて直接書き込むことで勉強をより効率的にするというアイデア商品。

　同シリーズが身上としている「いつもの勉強がはかどり効率が上がる」「無彩色の色調で世界観を統一」「工夫した勉強法を SNS で発信したくなる」を見事にクリアしていることは間違いなし！　サイズ：W90× H140× D1（mm）。グレー。15枚入。

サラサマークオン（ゼブラ）

　従来のジェルインクボールペンは、軽い書き味が好まれていましたが、上から蛍光ペンを引くと文字がにじんでしまうという欠点が……。さらに、文字がにじむ → ノートが汚くなる、蛍光ペンのペン先が汚れる、という負の連鎖に……。

　これを解決したのが、耐水性と紙への固着性を高めた特殊インクの開発＆搭載。それにより、筆記してから5秒ほど経過した後、蛍光ペンで上から引いても書いた文字がにじまない「サラサマークオン」の誕生となったのです。インク色：黒・青・赤、ボール径：0.4/0.5（mm）。

チェックペン - アルファ（ゼブラ）

　暗記のための秘密兵器「チェックペン - アルファ」のヒミツは、紙の裏面ににじみにくい新しいインクを採用していること！

　その恩恵で、紙の両面を使うノートやプリントなどにマークしても裏面はキレイなママなので、読みやすさを損なうこともなし！

　また、太字側のペン先にはしなる素材が使われていて、ペン先が紙面にフィットするので、角度を気にせず均一な線を引くことができる。厚い参考書や辞書の湾曲面などの線が引きづらい箇所にも対応可！

インクの色は、文字が読みやすい明るい赤・緑にカラフルなピンク・青の4色から選べます。

シャープ替芯「uni（ユニ）」(三菱鉛筆)

シャープペンを使った筆記でのノートの汚れは、紙面に密着せずに浮遊した芯粉が原因なのだそう。

シャープ替芯「uni（ユニ）」は、独自成分配合により芯紛を紙面に高密着させることに成功！ これにより、くっきり濃い文字での筆記だけでなく、筆記後もこすれに強く、ノートのキレイさが保てるようになりました。

蛍光ペンでのマーキングにもにじまず、ペン先に付着する芯粉汚れも軽減可！

新形状のスライド式ケースは芯が取り出しやすく、機能性、デザイン性、ともに◎。芯径：0.3〜0.9（mm）、硬度：4H〜4Bまでという、充実の全20種。

キャンパス ノートのための修正テープ (コクヨ)

せっかくキレイにノートをとっても、修正箇所が白く目立ってしまってはモチベーションも下がってしまいます。

そこで開発されたのが「ノートの色味や罫線の幅に合わせ、修正感を目立たなくする」というシンプル＆目からウロコな発想から生まれたこの修正テープ。

今はノート提出の評価が内申点に反映する学校もあるそうで、人に見られることを意識してノートをとるという、新しい時代のマストアイテム。

▲上：キャンパスノートのための修正テープ
下：一般的な修正テープ

真ちゅうの竹尺 30㎝ /15㎝（Cohana）

　Cohana は、（株）KAWAGUCHI が創業以来培ってきた手芸用品開発のノウハウを活かし、日本の地域産業とのコラボレーションにより生まれた上質なハンドメイドの道具のブランド。

　真ちゅうの竹尺は、竹尺の特長である、縦横どちらから見ても読むことができる「星」とよばれる模様や目盛りを真ちゅうにレーザー刻印してつくられたモノサシで、色褪せにくく、はっきり読める。表面にゆるやかなアールを付けたり、星の一部に朱を入れたりと、とことん「竹尺らしさ」にこだわっています。使うほどに色合いが濃くなり、風合いが増す経年変化も大きな魅力。

本当の定規（コクヨ）

　「本当の定規」とは、⬇このような定規のことを言うそうだ。

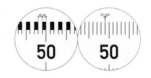

●一般的な定規のように「太さ（幅）がある線」ではなく、幾何学の定義でいうところの線＝「太さがない線」で目盛りを表現
●等間隔に並べた面と面との間に生まれる「境界線」で位置を示し、より正確な長さを測ることができる定規

本当の定規　一般的な定規

　確かにそうである。この定規を使えばこれまで私たちが使っていた一般的な定規で発生していたズレは、これからは起きないというワケだ。

　本当に正確な1㎜を測りたいというデザイナーの情熱から生まれ、コクヨデザインアワードで高い評価を受けた後、商品化された逸品。

ワザあり定規「iiten（イイテン）」(サンスター文具)

ノートを分割して効率よく勉強できるようにする定規。

ポイントは、

　①ノートを 2 ・ 3 ・ 4 ・ 5 等分に分割できる

　②ノートも頭も整理できるので、勉強の効率が上がる

　③使いやすい B5 ノートの横幅とピッタリサイズ

使い方は、等分したい数字と同じ色の穴に点を打つだけ！

ピンク、ブラック、クリアの 3 色展開。

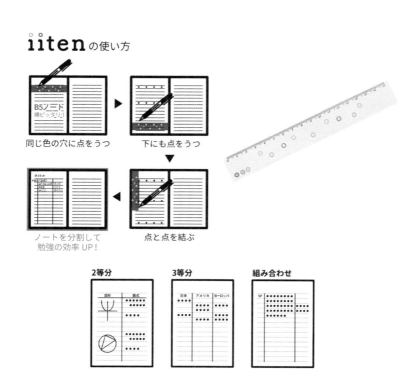

※ノート分割術：ノートを分割して使う活用術のこと。理解がより深まり、記憶が定着する効果があるとされ、ノートを取ることが苦手な人も効率よく勉強できるようになる。

〔理科（化学）〕世界一美しい周期表したじき（仮説社）

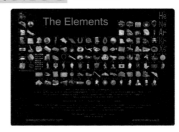

イグノーベル賞を受賞したセオドア・グレイ氏作の「世界一美しい周期表」のしたじき。

A4サイズで、裏には「原子量」「融点」「沸点」「密度」などの記載が日本語で書かれています。113番「ニホニウム」などのように、新たに発見された元素も収録。

〔社会（歴史）〕歴史を見るものさし（仮説社）

明治や江戸などの時代区分は、歴史を考えるときの重要ポイントのひとつ。このものさしは、各時代がその長さに比例して表示してあるので、「○○時代って意外と長かったんだね」などということも一目瞭然！

使っているうちに歴史の知識が身に付くのは必至なので、個人的にも非常に興味深いものさしです。

※教科書に準拠して、2017年2月改訂版から鎌倉時代の始まりを1192年 → 1185年に改訂

〔社会（歴史）〕マスキングテープ「にほんの人物」
（東京カートグラフィック）

日本の歴史上の偉人のイラストが東日本と西日本に分けられて描かれているマスキングテープ。彼らが「いつ何をした人なのか」自分に出

題するのも面白そう！

　東日本では、新渡戸稲造、伊達政宗など23名を、西日本では、松尾芭蕉、豊臣秀吉など24名がそれぞれ可愛らしいタッチのイラストで描かれています。

〔社会（地理）〕
デザインWクリップ　「世界の国旗」「旅する都道府県」（ベロス）

　本体に色んなイラストがデザインされているダブルクリップ。

　「世界の国旗」では、日本、韓国、中華人民共和国など、計10カ国の国旗が両面に。

　「旅する都道府県」では、東京、静岡、愛知など、計10の都道府県名とその名所・名産のイラストが表裏で描かれている。どちらも楽しみながら覚えるのに◎。各10個入。

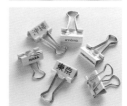

〔体育〕 跳び箱型小物入れ （豊田産業）

　婚礼タンスの産地として栄えた、広島県東部の「家具の街」府中で細部まで丁寧につくられている「跳び箱型小物入れ」。本物の跳び箱のような「積み上げ」型と出し入れしやすい「引き出し」型の2種あり。

▲積み上げ型　　▲引き出し型

　段数、サイズ（※卓上〜おもちゃ箱サイズまで）、マットの色など、バリエーションに富んでいるので、欲しい方は、同社のサイトでぜひご確認を！

「Theodorus」のファイルボックス「SECTOR（セクター）」
（エステック）

　「仕舞う愉しみ 魅せる喜び」というコンセプト通りの美しい意匠と新しい機能を持ったファイルボックス。本体の両側と内部に写真印刷が施され、3個つなげると1つのデザインが完成するという、これまでにない斬新さには感動すら覚えます。職員室の机にあったら、生徒から「スイカ先生」「ミカン先生」と呼ばれて、伝説の先生になれるかも!?

※月と地球の画像の柄（NASA の許可取得済）もあり！

イクラプッシュピン（Fred ／ MoMA）

　イクラの軍艦巻きがモチーフのプッシュピンと針山のセット。イクラの一粒一粒がプッシュピンになっていて、針山はシャリの一粒一粒を凹凸で再現。プッシュピン50個と針山1個付き。素材はポリプロピレンで、サイズは6.3× 3 × 3 （㎝）。

A4クリアファイル　焼きのり風（cobato）
A5クリアファイル　海苔風味（cobato）

　「焼きのり」のパッケージ風デザインが印象的な「A4クリアファイル 焼きのり風」は、そのネタ感だけでなく、情報漏洩防止という実用性を兼ね備えたアイテム。

　お得意先への資料提出時の「掴み」や重要書類の保管などに使うのが◎。

　「A5クリアファイル海苔風味」は、洗浄後の市販の海苔のパッケージの中に入れて本物そっくりにして楽しむことが可。セットでどうぞ！

▲ A4クリアファイルは焼きのりのパッケージ風 ▲ A5クリアファイルは 海苔そっくり！

アイスキャンディーモチーフの「シリコン製ホッチキス針ケース」
（マックス）

　アイスキャンディーのバーの先端に当たる部分にマグネットを内蔵することで、フタを開けたときにホッチキス針がくっついて、こぼさずに取り出せるようになっています。ケースは、No. 10-1M、またはカラー針 No. 10-1M の他、金属製のクリップなどの収納にも。

　同社のかわいく愛らしいデザインのシリコン製品シリーズのひとつで、ラインナップは全3色。

　デザイン監修：カラフルで楽しいシリコン製デザイン雑貨のブランド p+g design（ピージーデザイン）。

★★★　　鉄道ファンでなくてもはまりそう！　　★★★

　創業約100年の山口証券印刷が2017年に立ち上げたデザインステーショナリーブランド・Kumpel（クンペル）のラインナップから、鉄道ファンでなくても萌えそうなアイテムをご紹介！

国鉄山手線硬券マグネット（Kumpel）

　国鉄最後の日・昭和62年3月31日の刻印入りの、当時の山手線のきっぷをモチーフにした「きっぷマグネット」。

　非常に興味深いのは、当時改札で使われていた、駅ごとに異なる改札鋏（かいさつきょう）の鋏痕（きょうこん）までデザインとして再現されていること！

　レトロな雰囲気で全29種ありますが、コンプリートするか、お好きな駅だけ集めるかはアナタ次第！

Centi Me'tro（センチメトロ）銀座線 / 日比谷線 / 東西線

（Kumpel）

東京メトロユーザーにはお馴染みの、地下鉄の駅で見慣れた路線図が、そのままスタイリッシュなスケールに！

定規の目盛りが駅ごとに振られた「駅ナンバー」になっていて、その数字が定規の長さに採用されているという「こだわり」に気づいて！

いろ色きもちきっぷ（Kumpel）

本格仕様の「きっぷ型メッセージカード」。

伝えたい気持ちを「ありがとうきっぷ」「おめでとうきっぷ」「じゆうきっぷ（フリー）」に託してみませんか？

紐を通せる穴付きなので、プレゼントにも添えられます。

われのもの注意 ステッカー（MONYA）

　MONYA さんの「泣く子も抱腹絶倒アイテム・その1」。

　「自分のものである」ことを全力で主張するステッカーだそうです。

　私たちが注意すべきなのは、このステッカーが一般的な割れ物を梱包する際に貼付する「われもの注意」ではなく「われのもの注意」ということ！　全力でご注意ください！

　粘着性と耐久性に優れた、屋内外で使用可能なデザインステッカー。

　サイズ：57×113（mm）、材質：白塩ビ（PVC）。

やぶるテープ（MONYA）

　MONYA さんの「泣く子も抱腹絶倒アイテム・その2」。

　「透明テープに、段ボールを引き裂いた際の「あの柄」をフルカラーで印刷したデザインテープ」で、補強すればするほど見た目がズタズタに……。

　と、よくこんなアイデアが思いつくものだと感心してしまいますが、「十分に粘着力がありますので、荷造り、梱包、ラッピング、その他多用途でお使いいただけます」とのことなので、皆で楽しく梱包作業をする際にぜひ！

コンバース消しゴム （学研ステイフル）

コンバースの定番「キャンバスオールスターハイカットモデル」の約1/5スケールのレプリカ消しゴム。左足の1個がシューズボックス風の箱にセットされているところに思わずほっこり笑顔が……。

アンクルパッチ、ヒールラベル、アウトソールなどの細部にまで超こだわった精巧なつくりで、ブラック、イエロー、グリーン、レッド、ホワイトブラック、ホワイトの全6色。これは全色揃えたくなりますね！

キュートな犬型 Web カメラ「wanco」（エレコム）

傍にいるだけで笑顔になれそうな愛らしい犬のデザインですが、実はコレ、テレワークや遠隔授業をサポートしてくれる、高画質200万画素の Web カメラ。

PC に接続するだけですぐ使える便利な一発接続タイプで、Skype、Zoom などの各種ビデオ通話・ビデオ会議や YouTube ライブなどのライブ配信サービスでの動作確認済。

うしろ足のクリップでノート PC のディスプレイに取り付けたり、デスク上にちょこんとお座りさせたりすることも可。ケーブルが赤いリードになっているのも可愛い。

ブラウン、ピンク、ホワイトの全3色。

100均アイテム活用術

「小袋スタンド」は、書類の収納・管理にも◎

コチラは「キッチン！小袋スタンド」といって、鰹節やふりかけなどの小袋を収納する際に、それらが倒れないように仕切ることができるスタンドです。

ソレだけで十分便利なのですが、私流に使わせていただきますと……

ボックスファイルのサイズに合わせて適宜カットし、裏面の粘着テープでボックスファイルの内側の側面上部に貼り付けて、

案件ごとに書類を収納している複数のホルダーを各仕切りの間に1つひとつセットするように立てかけ、それらが倒れないようにすることができました！

このとき、隣のホルダーとの間に隙間ができて取り出し易くなるのも◎。

案件1件ごとの書類量が多めの方には、これより幅広サイズの「キッチン！ レトルトスタンド」がオススメ！

エピローグ

　本書は「学校事務」2021年2月号（学事出版）の特別企画「学校における働き方改革と学校事務職員（下）」に掲載された私の寄稿記事『働き方改革を後押しする文具とその選び方・使い方』が基になっています。

　同記事の趣旨を受け継いでいるため、学校関係者向けの内容に特化した件（くだり）も一部にあるのですが、学校の先生や事務職員さんだけでなく、多くの方々に向けて、働き方改革を意識しつつ、私の文具考も絡ませながら、思う存分書かせていただきました。

　以下、私からのコメントを章ごとにまとめました。

【第1章】苦手分野にこそ、気に入ったモノ、問題解決になるモノを！
【第2章】介護や医療業界での文具のあり方は、業界を超えたお手本に！
【第3章】状況に合わせて、自分が働きやすい環境づくりを！
【第4章】自分で考えて、色々やってみることの楽しさもぜひ！
【第5章】できる範囲で良いので、最先端の技術も積極的に！
【第6章】楽しさ、面白さ、納得、感動などを共有できれば幸いです。

　本書が、あなたがご自分にピッタリのステーショナリーを探す際の優秀なガイドBOOKになることを願って止みません。

2022年5月吉日
オダギリ 展子

Special Thanks

制作協力／商品掲載メーカーリスト　　　※敬称略、掲載順

マックス株式会社

日本ファイル・バインダー協会

株式会社ライオン事務器

コクヨ株式会社

ゼブラ株式会社

DKSHマーケットエクスパンショ
　ンサービスジャパン株式会社

株式会社ロフト MoMA 事業部

プラス株式会社

ヤマト株式会社

ベロス株式会社

株式会社リヒトラブ

株式会社コスモテック

ナカバヤシ株式会社

株式会社 Francfranc

株式会社キングジム

オキナ株式会社

株式会社ジスクリエーション

株式会社ジャノメサービス

株式会社 PFU

富士通クライアントコンピュー
　ティング株式会社

理想科学工業株式会社

株式会社大直

株式会社ハイタイド

株式会社山櫻

サンスター文具株式会社

三菱鉛筆株式会社

株式会社 KAWAGUCHI

株式会社仮説社

東京カートグラフィック株式会社

豊田産業株式会社

株式会社エステック

合同会社 HB ラボ

山口証券印刷株式会社

株式会社パブロ堂

株式会社学研ステイフル

エレコム株式会社

株式会社三笠書房

オダギリ展子（オダギリ・ノブコ）
事務効率化コンサルタント
特許および貿易事務の業務に携わり、事務業務のリスクヘッジや効率化のノウハウを身につける。その結果、過去の担当者の月100時間を超える残業をゼロにした。
おもな著書に、『デスクワーク整理術』（知的生きかた文庫）、『事務ミスがない人の図解整理術〔書類・メモ・データ〕』、『デスクワーク整理術』（以上、三笠書房）、『デスクワーク＆整理術のルールとマナー』（日本実業出版社）、『仕事が10倍速くなる事務効率アップ術』（フォレスト出版）などがある。

●オフィシャル・サイト：「オフィス事務の効率学」
https://www.office-jimu.com/
●facebook
https://www.facebook.com/officejimu/

はたら
働くあなたにピッタリのモノが見つかる！
スクールステーショナリーガイドBOOK

2022年6月20日　初版第1刷発行

著　者　オダギリ展子
発行者　安部英行
発行所　学事出版株式会社
〒101-0021　東京都千代田区外神田2-2-3
TEL03-3255-5471（代表）　https://www.gakuji.co.jp

編集担当
戸田 幸子

本文デザイン
内炭 篤詞（精文堂印刷株式会社）

印刷・製本
精文堂印刷株式会社

カバーデザイン
細川 理恵

イラスト
松永えりか（フェニックス）
草田みかん

ISBN978-4-7619-2849-0